河流曲度 与水体自净

肖晨光　著

中国水利水电出版社
www.waterpub.com.cn
·北京·

内 容 提 要

　　河流曲度是河流形态的重要特征。河流水体自净能力的影响因素很多，其中河流曲度是重要的因素。为了探索河流曲度与河流水体自净能力之间的关系和变化规律，作者进行了自然河流的野外监测研究，对不同河流曲度河段、不同季节的水体水质进行跟踪检测分析；在此基础上，又进行了室内物理模型试验，对不同河流曲度与水体自净能力之间的关系进行模拟试验研究。通过研究发现，河流曲度与河流水体的自净能力之间存在正相关关系。本书介绍了河流曲度与水体自净关系研究的方法和结论，讨论了其作用机理并给出了相关治理建议。

　　本书可供从事河流形态、河流水环境工作的管理、技术及科研人员参考使用。

图书在版编目（ＣＩＰ）数据

河流曲度与水体自净 / 肖晨光著. -- 北京 ： 中国
水利水电出版社，2020.12
　ISBN 978-7-5170-8862-2

　Ⅰ．①河… Ⅱ．①肖… Ⅲ．①河流－水环境质量评价
－研究 Ⅳ．①X824

中国版本图书馆CIP数据核字(2020)第175208号

书　　名	**河流曲度与水体自净** HELIU QUDU YU SHUITI ZIJING
作　　者	肖晨光 著
出版发行	中国水利水电出版社 （北京市海淀区玉渊潭南路 1 号 D 座　　100038） 网址：www. waterpub. com. cn E-mail：sales@ waterpub. com. cn 电话：（010）68367658（营销中心）
经　　售	北京科水图书销售中心（零售） 电话：（010）88383994、63202643、68545874 全国各地新华书店和相关出版物销售网点
排　　版	中国水利水电出版社微机排版中心
印　　刷	北京瑞斯通印务发展有限公司
规　　格	184mm×260mm　16 开本　6.75 印张　164 千字
版　　次	2020 年 12 月第 1 版　2020 年 12 月第 1 次印刷
定　　价	**48.00 元**

优质的水环境是人们美好生活最基本的需求之一，然而当今世界水资源和水环境形势却不容乐观。从水量来看，水资源分布不均，一些地区水资源严重短缺。比如我国淡水资源总量名列世界第四位，占全球水资源总量的6％，但是从人均水资源量看，中国只有2000m³/人，相当于世界人均水资源量的1/4左右，是人均水资源贫乏的国家之一。从水质来看，水污染问题形势严峻。全世界每年约有4200多亿m³的污水排入江河湖海，污染了5.5万亿m³的淡水，相当于全球径流总量的14％以上，主要污染物包括氨氮、总磷和化学需氧量等。河流水质污染问题突出但尚未引起全世界的足够重视，如何保护好河流水系的水生态环境，已成为重要课题，需要科技工作者深入研究，政府和社会大力推进。

我国高度重视水环境水生态治理。2018年的中央1号文件《中共中央国务院关于实施乡村振兴战略的意见》，全面部署实施"乡村振兴战略"，文件指出：要把山水林田湖草作为一个生命共同体，进行统一保护、统一修复；健全耕地草原森林河流湖泊休养生息制度；健全水生态保护修复制度；加强农村水环境治理；实施农村生态清洁小流域建设。2018年5月，全国生态环境保护大会指出：坚持人与自然和谐共生，保护优先，自然恢复为主，要像保护眼睛一样保护生态环境，像对待生命一样对待生态环境，让自然生态美景永驻人间，还自然以宁静、和谐、美丽。这些关于水环境、水生态建设的决策部署和方针政策，为研究破解水环境、水生态问题，提出了要求、指出了方向，也为从事相关科学研究明确了任务、增强了信心。

河流水系是由源头、干支流、湖泊等组成的一个贯通且连续的完整生命形态，其具有蓄洪排洪能力和水体自净能力，并提供良好的生态服务功能。但是随着经济的快速发展，特别是一些地方片面强调提高土地利用率和行洪安全，出现与水争地、填占河道、裁弯取直、硬质化河道、用管道或暗河代替河网水系、随网格化的道路任意挖填河道等现象，这些"破坏性"建设，导致了水质恶化、生物群落多样性降低等一系列环境问题，影响了河流生态系统的健康和稳定。自20世纪80年代末期，部分发达国家在基本完成河流水环境污染治理后，逐步开始研究如何恢复河流自然形态的问题。我国也提出，在中小河流综合整治过程中，除提高河流防洪除涝能力外，要尽可能保持河流的自然形态。河流水质的保障是河流水环境改善最基础的要求，而河流形态作为河流水系的重要特征，其对污染物的自我净化效应是保障河流良好水环境的核心，是生态系统健康发展的基础。河流曲度是一条河流的重要形态表征指标，适宜的河流曲度是提高河流自我修复净化能力的关键要素之一。

　　本书着眼于自然平原河流的河流曲度与水体自净，采用野外自然河流监测和室内物理模型试验的方法，探究河流曲度与河流自净能力变化之间的相关关系及规律，分析弯曲河流对水体自净能力的影响机理，对新型城镇化建设和乡村振兴过程中河流水系治理规划提出了建议。

第1章 绪 论

1.1 研究背景和意义

随着我国社会经济的快速发展，近年来各地城镇化建设步伐不断加快。据统计，2018年我国的城镇化率已达到 59.58%，但与发达国家 90% 左右的城镇化率相比，我国的城镇化建设还有相当大的发展空间。城镇化的快速发展带来了各种各样的环境和社会问题，如住房问题、空气污染问题、城镇防洪问题、交通拥堵问题等，其中很多矛盾都集中在对土地利用的方式上，城市的不断扩张带来了对建设土地的大量需求，为新建更多的道路、住宅或工厂，城市内部及周边的草地、林地、农田、湖泊等被不断占用，其中对自然河流的挤占和改造尤为明显[1]。城镇河道承担着防洪、排涝、供水、美化环境、改善气候、提供生物栖息地等重要作用，然而为了提高建设土地利用率，在老城改造和新城镇建设时，将地上河道通过涵管埋入地下、弯曲河道裁弯取直，甚至部分河段整体填埋，占用河道资源的现象屡见不鲜，对防洪排涝、河流水质、生态多样性等方面带来很大的负面影响[2]。所以传统的城镇河道改造方式不适应新形势的要求，急需谋划新时期城镇河道改造的新思路。

城镇化进程中最突显的环境问题就是河水污染的问题，大量富含氮、磷和各种有机物的生活污水、工业废水排入自然河流，导致水体富营养化，污染问题越来越突出[3-4]。国内外现状调查表明：全球大约有 30%～40% 的河流、湖泊出现不同程度的富营养化。太湖水源水质受到污染，蓝藻暴发期间，以其为水源地的城市饮用水困难[5]；巢湖从曾经的饮用水源地变为污染严重的问题水域，水污染问题已引起了政府、社会和公众广泛的关注[6]。

过往大量研究发现，污水中的氮素、磷素和化学需氧量的超标是导致自然水体富营养化的主要原因之一。氮素和磷素能刺激光合水生生物和藻类的生长，从而诱发水体富营养化，导致水体水质恶化。因此，控制氮磷元素和各类有机物的排放是改善自然水体水质的根本途径之一。国外自 20 世纪 70 年代起就对此予以重视，并制定了严格的排放标准，如欧洲共同体要求自 1998 年起排放水总磷浓度必须小于 1mg/L，总氮浓度必须小于 10mg/L；我国对污水的排放要求也越来越高，现行的城镇污水排放标准是《城镇污水处理污染物排放标准》（GB 18918—2002），与以往相比，很多指标的规定都更加严格。限制排放是从源头上控制水体污染的根本方法，随着人们对环境保护意识的提高，对氮、磷等污染物的排放控制势必会越来越受到重视，但完全控制排放一方面会提高生产成本对短期的经济发展造成一定的影响，另一方面全国实现完善的监督和查处机制、全民建立良好的水环境保护意识都需要一定的时间和过程，在中国现阶段高速发展的现实中，各类工业企业产生的污染物排入河流水系一时还难以杜绝和完全避免，河流水质污染的情况还在现实中不断发生[7-8]。这就需要在加强环保意识、减少污染排放的同时，探索更多、更好的办法来恢复已经被污染的河流水体水质[9]。利用河流水系的自然自我净化能力吸收、削减、消除河水的污染物含量是最为经济、有效和可持续的方法之一[10-11]。

河流的自净是指河流受到污染后，在物理的（稀释与沉淀作用）、化学的（氧化、光解等过程）和水生物的（微生物、动物和植物的代谢作用）综合影响下，河流恢复到污染前水平和状态的作用过程[12]。在全国生态文明建设和新城镇化建设的背景下提高河流自净能力、改善河流水环境是国家发展的重要需求之一。水体的自净能力是由多种因素共同作用的结果：如河流地形地貌的不同带来的生态类型和植物的分布特征的改变[13-15]、水文气象的不同导致水量大小的差别、季节因素带来的温度光照条件的变化、河道岸坡基质不同带来的生态功能及河岸稳定性的差异[16]、河流生态现状以及栖息地的生境变化导致的微生物作用不同等，都与河流水系的自净能力关系密切[17-21]。其中水文、季节等多由自然因素决定，而地形地貌常受人类活动的影响而改变[22-23]。在地形地貌特征中以河流曲度为代表的河流形态为主要影响因素[24]。河流的曲度变化在平原河流中主要表现为凹岸和凸岸组合的交替分布，这一分布特征与水流间存在着复杂的相互作用关系[25]，使得上覆水和孔隙水的流态发生了显著变化，因而适宜的河流曲度可能是提高水环境自我修复能力的关键要素之一。

1.2　国内外研究概况

优良的河流水质是保障人畜饮水安全和河流生态功能的基本要求[26]。河流的蜿蜒程度是河流形态的重要表征指标之一[27]，也是影响河流自净能力的关键因素。与人工取直后的顺直河流相比，自然弯曲的河流在河流水文、生态、环境等方面有着明显不同的特点[28-31]。近年来，国内外相关学者运用了不同的研究方法在水环境中各类污染物的去除机理、河流弯曲形态的描述、河流形态对河流自净能力的影响方面进行了相关研究[32-33]。

1.2.1　河流弯曲形态的描述和相关研究

在最早的河流形态描述中常采用经验公式法进行定义，在经验公式法中将弯曲的河流线型看成是由一系列方向相反的圆弧以及圆弧之间的直线，并以河湾曲率半径、河湾跨度、中心角、弯曲系数以及幅度来表示河流纵向弯曲的平面形态[34-36]。这种方法对河流弯曲形态的描述非常具体，适用于针对特定的弯段进行详细分析时使用。而在计算更多数量、更为宏观的河道形态时，国内外河流专家学者常用曲度（Sinuosity）作为河型判断的重要指标。Mueller[37]、Leopold et al.[38]、Luchisheva[39]等国外学者曾分别提出地形曲度（Index of topographical sinuosity）、水力曲度（Index of hydraulic sinuosity）和河流曲度（River sinuosity index）等河流曲度的概念和计算方法[40]。除此外，分形维数也是一项常用于描述河流或河网形态的指标，其将分形几何学引入地理水文学，通过河流的分形特性计算流域面积与河长的关系，成为了新的河流蜿蜒程度描述方法[41]。在这些不同概念的河流蜿蜒程度的描述方法中，以河流曲度因计算容易和适用范围广而应用较广。

李志威等[42]利用卫星图，对8条河流共136个山区河湾和325个冲积河湾进行河湾几何形态参数（河流曲度、弯顶偏向角、河湾平均河宽与顶弯河宽和河湾横向相对偏移度等）测定和统计；此后，李志威等[43]再次利用同样的研究方法，对密西西比河、长江、黑龙江等9条河流高曲度河湾和牛扼湖进行统计分析，发现天然河湾存在统计意义上的极限弯曲度，初步确定河湾的极限弯曲度在［10，30］区间上[42,44-45]；高阳等[46]以6个处于不同曲度范围内的河段作为参考，将河流曲度对应河流的4个不同自然状态：曲度＞2.5时为自然状态、2＜曲度＜2.5时为近自然状态、1.2＜曲度＜2时为退化自然状态、曲度＜1.2时为人工状态。

学者们认为改变河流曲度的原因是多样的[47-49]，河道上游的入流角可以造成河道曲流的形成[50]、河道岸坡和基质的材料会影响河流弯曲形成的速度[51]，Aswathy M V[52]等利用IRS P6 LISS Ⅲ卫星图像和GIS系统分析了潘纳（Pannagon）河从1967年到2004年的河流曲度变化，认为地质因素是影响河流曲度的主要因素之一；尹学良[53]设置了沙床模型以模拟自然弯曲河道的形成过程，探讨了包括来水过程、来沙条件、比降在内的弯曲性河流的形成条件和影响因素，成为国内河流造床实验的先驱者。近年来，人为因素成为了河流曲度改变最显著的因素，赵军等[28]通过遥感解译数据分析了自1950年以来，上海中心城区近60年的高密度河网的河流曲度特征，讨论了当前广泛进行的快速城市化对河流曲度的影响，结果表明上海市60.9％的河道整治项目采取了裁弯取直的工程措施。此外，弯曲河道也会对水流结构产生相应的影响[54-56]，导致河流水动力的不稳定性[57-59]。

河流曲度与河流的生态环境息息相关，王永珍等[60]利用航拍图，计算了台湾猫罗溪、樟平溪和平林溪蜿蜒河段的曲度，并通过与河床坡降数据的比较，认为上述三条河溪的河流曲度越大、河床坡降越小，鱼的种类和种群越丰富。Nakano et al.[61]通过对比天然弯曲河段、渠道化河段以及经历河流整治工程恢复弯曲的河段内大型无脊椎动物群落，研究大型无脊椎动物群落与河流横断面物理形态多样性之间的关系，得出结论认为恢复河流形态的蜿蜒曲折是恢复河流栖息地的一种有效的策略。王远坤等[62]以长江中游地区宜昌至城陵矶的河段为研究对象，通过定量和定性的方法分析了不同类型河段的生态学意义，结果表明矶头型、分叉型和弯曲型河段由于水流分布和断面类型的多样性，使各类鱼种的产卵区多分布在这三种类型的河道中。

还有学者对河流的适宜曲度范围进行了探索，如Deng et al.[63]研究了冲积型河流的最佳河流曲度范围，统计了不同国家和地区的70条冲积型河流的弯曲形态，并在纵向和横向的对比分析后，提出冲积河流的曲度在1.4～1.6区间时，波长Lm为河流宽度的12倍左右时，河流可以在较低的维护费用下，拥有最大的水沙容量和最强的行洪能力。蔡晔[64]的曲度—水质试验结果指出河流曲度在1.6时对水中有机物的降解最有利。

1.2.2 水环境中各类污染物的自净机理研究

自然水体中污染物的自我净化，是由多种因素共同作用实现的。河流水体、河岸基质以及其中的水生植物和微生物是河流系统的主要组成部分，也是水体自净的关键因素[65-66]。既往研究表明，河流系统可以利用水体—基质—植物—微生物这一复合生态系统的各类物理、化学和生物作用，通过沉淀、吸附、过滤、离子交换、植物吸收和微生物分解[67]等途径来实现对污染水的自我净化[68-69]。以下是以往关于氮素、磷素和有机物在水体中净化机理的研究。

（1）氮素净化。氮素以多种形式存在于污染水中，包括有机氮和无机氮，其中无机氮有氨、亚硝酸盐和硝酸盐等，有机氮有嘧啶、嘌呤、氨基酸和尿素。氨氮和有机氮是生活污水中的主要氮污染物。王玮[70]认为河流水系对氮的去除有基质的吸附、过滤、沉淀作用，氨的挥发作用，植物吸收，微生物的氨化作用，硝氮的硝化和反硝化作用等方式。其中最主要的去氮途径是依靠微生物的硝化、反硝化作用[71]。

王晓雪等[72]认为河流基质可以通过一些物理和化学的途径（如过滤、吸附、络合反应或离子交换等）来净化污水中的氮、磷等污染物。基质对氮的去除主要针对的是还原态氮，其中还原态的氨氮比较稳定，易被吸附到介质中的活性部位。但由于离子交换的过程是可逆的，所以活性部位不能作为氨氮去除的长期汇。当系统中的氨氮通过硝化作用转化为硝态氮，系统就会自动重新建立交换平衡，因此，在连续的水流系统中基质吸附的氨氮与水中的氨氮会保持动态平衡[73]。Gerke S et al.[74]认为岸坡植物通过根系吸收水土中的氮素供自身的生长和代谢需要，并在体内转化为有机氮和植物蛋白质。植物吸收的氮素主要是硝态氮和铵态氮，也包含一些小分子含氮有机物，如氨基酸和尿素等，其速率受生长量和组织中氮浓度的含量限制[11]。因此在有自净能力要求的河道岸坡上应当种植氮含量高、生长快、产量高的植物作为氮储存和同化的植物[70]。Liang et al.[75]认为氨氮直接从系统中挥发也是河流去氮的途径之一。氨挥发是一个物理化学过程，其与水的酸碱环境有着密切关系：当 pH 值小于 7.5 时，氨的挥发可近似忽略；当 pH 值在 7.5 至 8.0 之间时氨的挥发不显著；当 pH 值约等于 9.3 时，NH_3 和 NH_4^+ 的比例为 1:1，此时氨挥发显著。正常河流系统中可以忽略氨的挥发作用，因为通常其 pH 值不会超过 8.0。郭鑫等[76]指出，有机氮化合物在氨化微生物的脱氨基作用下产生氨的氨化过程是水中氮素转化的重要环节。脱氨的方式包括：减饱和脱氨、还原脱氨、氧化脱氨以及水解脱氨。有机氮氨化的速度与碳氮比、pH 值、温度、系统的溶解氧含量、土壤的质地与结构、系统中的营养物质有关。此外还有大量学者指出硝化与反硝化作用是水中氮素去除的关键因素[77]。硝化作用是指，有氧条件下，氨在氨氧化细菌和亚硝酸氧化细菌的先后作用下转化为硝酸的过程。其过程共分两步进行：一是氨氧化细菌将氨氧化为亚硝酸，二是亚硝酸被亚硝酸氧化细菌氧化为硝酸。硝化菌在上述氧化过程中获取能量，并以二氧化碳为碳源合成新的细菌。参与硝化作用的两种细菌都是好氧菌，所以整个硝化作用过程是一个绝对需氧的过程。反硝化作用是指在缺氧条件下反硝化细菌将硝酸氮还原为气态氮的过程。反硝化作用是自然界中氮素重新返回大气的最主要途径。

（2）磷素净化。自然水系对磷的去除主要依靠三个方面的作用：植物吸收、微生物作用和基质的物理化学作用[78]。河流污水中的磷由无机磷和有机磷两部分组成。王洪铸等[79]认为在植物生长过程中磷素是必需的元素之一，植物可以吸收和同化污水中的无机磷合成 ATP，并通过被收割而带出河流系统，这是磷唯一的持续性去除机理[80]。还有研究表明磷广泛存在于微生物细胞的各个结构中，一般占灰分总量的 30%～50%。在河流系统中，微生物对磷会在基质中产生同化作用而吸收部分磷素。同时聚磷菌在好氧条件下能够过量地吸收磷，在厌氧环境下释放磷，此现象称为微生物的过量吸磷[81]。然而，肖洋等[82]认为河流系统中磷去除最主要的途径是依靠基质的吸附和沉淀作用。在适宜的水流环境中，河水中的磷素会部分沉淀在河底沉积物中；同时在一些上覆水中的可溶性磷进入河岸基质后，会被基质组分大量吸附并随即与基质中铁、铝、钙等离子发生反应，生成难溶性的化合物而沉淀下来。河岸基质对磷存在吸附饱和的问题，在一定数量和浓度的污染水沁入后，河道基质的磷含量会在吸附与释放间达到一个动态的平衡[83]。

（3）有机物净化。按照溶解性分类，河流污染水中的有机物可以分为可溶性有机物及不溶性有机物。既往研究发现，不溶性有机物的去除机理和等粒径的悬浮物类似，通过沉降、基质的截留过滤与植物的根系拦截可以去除一部分，截留下来的有机物可以被微生物利用。可溶性有机物可以通过基质、植物的吸收及微生物的降解作用被去除。挺水植物可以通过根系直接从水中吸收小分子有机物，但植物吸收有机物的效果是有限的，大部分有机物最终会被异养微生物转化为微生物体及水和二氧化碳。异养微生物通常以有机碳为碳源进行厌氧降解和好氧降解，从而去除污水中的有机物[84]。

1.2.3　河流形态与河流水质的关系研究

河流水质恶化主要与其中的污染物有关，按照污染物的主要类型，可以将河流水污染分为耗氧污染、富营养化和重金属污染三种污染类型，对于其中可降解的污染物如氨氮、部分磷酸盐、有机物等可通过化学变化将其转化或分解，对于不可降解的污染物如重金属等可通过吸附沉淀等物理变化将其固持，具体的方法包括底泥疏浚、引水冲污、人工曝气[85]等在内的物理方法；添加对应药剂的化学方法；通过添加特性微生物的生物方法以及通过自然生态系统自主净化为主的生态方法。出于成本和二次污染等问题的考虑，以及亲自然理念的影响，如今通过自然生态方法改善水质的研究正逐步成为热点。近年来，针对自然河流形态与水质净化的作用机理研究在不断深入。河流沿线的水生植物或周边的自然、人工湿地通过植物的根系吸收、茎叶吸附、蒸腾作用等对各类污染物产生净化作用（郑于聪）[150]；河流中浮游动物以浮游植物为食，从而控制浮游藻类，改善富营养化水体；夏继红、金光球、Cardenas等认为河流中河水与地下水的垂向、横向、纵向潜流交换对污染物的归宿起着重要作用[87-95]；河流中的阻水、跌水结构会使河流曝气增加水中溶解氧含量，加速氮的反硝化作用改善水质[96-97]；此外，还有试验证明日光照射可降低水中氮素的含量。但在以往研究中未见专门针对弯曲程度对河流水质改善机理的研究。

以河流曲度为代表的河流形态的变化会直接改变河流水系的各类生境，从而影响水系中各种污染物的自净能力，对河流水质的改善起到关键作用，已有的有关河流曲度和河流自净能力的相关研究如下：

联合国环境计划署通过调查指出：世界各地河流水体水质不断恶化已经成为威胁人类生存和发展的重要问题之一。调查的其中一项结果表明，河流自然形态和结构遭到破坏越严重的地区，其水体水质恶化的程度越重。国内外学者的相关研究也表明，城镇化过程中水系结构和河流形态的变化对河流水质具有重要影响[98-99]。相关研究表明，在高曲度河段中河流污染物主要集中在内弯的底部区域，河流宽深比的变化也是影响水质的主要因素之一。Vagnetti R[69] 通过提取意大利一条人工运河 6 年内不同月份的水样，研究了夯实土河道和混凝土河道的自净能力，结果显示在自然的河流条件下（夯实土壤下），更加有利于河道自净过程的产生，从而改善水质；Sabater[67] 发现河流形态变化导致的流态改变使河流中的氮和磷含量发生变化，生物膜中的自养和异养生物利用氮和磷生长，使得生物膜中的溶解氧发生变化，从而使河流的自净能力得到显著提高；Elósegui et al.[100] 发现河流形态和河水流态变化使河流中的硅酸盐含量发生改变，亚硝酸盐的残留比例随之变化，水中悬垂生物的生物量提升，可以使河流的自净能力得到显著提高。国内相关研究也表明，河流水质变化与河网水系结构、连通性等有显著的相关性[101]，河网水系的连通性越高，河流的自净能力越强，水质降解系数越大，水环境容量越大，水质越好[102]；在城镇化过程中，为了追求土地利用效率，河网骨干化、河流裁弯取直、控制性闸坝工程等造成区域河网水系萎缩、河流自净能力下降、河流水体水质恶化[103-105]，其中焦飞宇[103] 评估了蓟运河裁弯取直工程对河流健康的影响，结果表明裁弯取直工程实施后，蓟运河河道流速加快、水位降低、河岸冲刷力增强、河床泥沙稳定性减弱，同时产生了生态系统多样性退化以及水质恶化的结果。

在研究方法上，有学者通过对自然河流的定期水质监测，研究分析河流形态对河流自净能力的影响。如蔡建楠等[106] 通过对广州市乌涌的三段河段定期的水质监测，分析了乌涌的河流形态对其自净能力的影响，发现乌涌的河道物理形态与浊度和 SS 的衰减率之间的相关性显著，其中乌涌的河道形态与溶解氧的衰减呈负相关。李婉等[107] 以位于北京市的转河为研究对象，在河道沿程选取了 13 个采样点，经水质分析后发现河湾处的溶解氧浓度较高而 NH_3-N 和 NO_3-N 浓度较低，河岸曲直对转河水质有重要影响。何嘉辉等[108] 选择了广州市具有不同河流弯曲程度和两种护岸结构的 7 条河段作为监测对象，研究结果表明在所考察的河流弯曲程度范围内，河流线型弯曲程度更高的河段具有更高的水体自净能力[109]，但其考察的河流曲度范围较小（曲度 1～1.07），且其在研究方法上，对比分析的是多条不同曲度的不同河道的自净能力变化，未排除除曲度外的其他因素对水质的影响，研究思路有待完善。

除此之外，有学者通过物理模型试验对河流水质与河道形态[110] 及河道水流流量之间的关系进行了探索，认为河流形态多变有利于水质的恢复[111-114]。如蔡晔[64] 通过构建室内模拟河道，研究了不同流量、不同河道宽深比对河流中磷的影响，结果表明，在流量较大时，宽深比为 3 时最有利于微生物降解，适当增大河流曲度有利于底泥中污染物的净化。许栋等[115] 利用室内模型试验的方法探究了河湾的演变特性、河流造床特性以及弯道水流泥沙运动特性。顾俊[116] 在蔡晔研究的基础上研究了不同河流要素对模拟河道中氮的影响，认为氮素随模拟河道曲度的增加，含量有所降低。过往研究面向的是河流各类要素对水体水质的影响，与河流曲度相关的试验内容不够具体，并且试验结果难以准确反映河流曲度与水质的相关关系，未对河流曲度和自净能力的定量关系进行深究，且没有探索不同弯曲河段污染物在基质内的时空变化规律。

利用数值模拟软件对河流水力运动特性、水质变化和污染物迁移扩散衰减进行模拟的研究也相对较多[117-119]，这种方法可以节约人力物力、便于操作且计算准确率较高、结果可视化。常用的数值模拟软件有 MIKE11、DYNYD5、MIKE21、SWAT、CIK3D-WEM

等[120]。数值模拟技术被广泛应用于水动力学研究、水环境容量评估、污染负荷的计算、水质及水体富营养化的预测等领域[115, 121]。许栋等[115]通过建立模拟明渠水流运动的三维数学模型，研究了曲度等因素对弯道水流运动特性的影响；杨燕华[57]在许栋等的基础上，采用三维水流数值模拟的方法，结合稳定性理论，以弯曲明渠河流为研究对象，研究了河流的水动力不稳定性及河流弯曲过程，结果发现弯曲河道稳定中性曲线前移，失稳临界雷诺数降低，导致流动更容易失稳。

此外国内外学者针对河流曲度的相关研究与实践，也涉及河流曲度与河流水文之间的关系[122]、河流曲度与河流生态系统之间的关系[123-124]、河流曲度与防洪减灾之间的关系等[125-126]。

综观河流形态与河水污染的研究现状，国内外对河流曲度与水体水质之间变化关系的研究仍处于起步阶段。已有的野外实测研究所选取的河流曲度范围窄、数量规模小，不能准确反映河流曲度与自净能力间的相关关系；而物理模型研究同样未能明晰曲度和自净能力的具体关系，且未对不同弯曲河段的污染物时空变化规律进行深入研究；此外也未见针对河流曲度，结合野外实测与室内物理模型试验的综合研究方法。在河流曲度对水体自净能力的影响过程和影响机理等方面的研究十分欠缺，与弯曲河流自净能力相关的基础研究、理论方法和技术研究亟须加强[127]。认识河流曲度对河流水质的响应规律及作用机理，不论是对以河流形态为基础的河流分类理论，还是河网水系综合整治和恢复河流生态健康，均有积极的参考作用[128-129]，可以为今后的城镇化建设中河道治理规划提供理论依据，建设更加科学合理的城镇河道形态，从而推进城镇化建设的健康发展。

1.3 研究内容

本书以平原地区城镇周边的农村水系为研究对象，具体选取安徽省合肥市的典型河道——十五里河为样本，综合采用野外自然河流监测和室内物理模型试验的方法，从河流曲度和水体自净能力之间的相关关系出发，研究河流曲度对水体自净能力的影响机理，为新型城镇化建设中河道治理提供理论依据和技术支持。具体的研究内容如下。

1. 自然条件下河流曲度与水体自净能力间的相关关系

通过对安徽省巢湖流域十五里河下游段各监测断面不同季节溶解氧（DO）、氨氮（NH_3-N）、总氮（TN）、总磷（TP）、化学需氧量（COD）等水质指标的检测，研究水质在十五里河中的沿程变化规律，并通过计算分析不同弯曲段的单位长度污染物浓度削减率，揭示自然条件下不同的河流曲度与河流自净能力之间的变化关系。

2. 实验室条件下不同曲度河流的水质时空变化规律

在室内相同环境下，构建曲度为1.0、1.4、1.8和2.2的四组模拟河流模型，研究以氮素为代表的污染物在不同曲度河流上覆水中的变化规律，探求实验室条件下河流曲度与自净能力的相关关系；监测、分析污染物在系统基质中的时空分布特征，并观测水流在不同曲度河道中的流态、流速等运动特征，检测不同曲度河流上覆水中的微生物群落数，为机理研究提供基础。

3. 弯曲河流影响水体自净能力的作用机理及河道治理规划建议

整合上述野外自然河流监测和室内物理模型试验的结果，从现象入手，结合水动力

7

学、潜流交换等理论,探明弯曲河流中污染物的物理、化学、生物变化规律,揭示河流曲度对水质改善的影响机制;在此基础上,提出城镇化进程中的河道治理规划建议。

本书的研究过程包括:首先通过整理国内外文献、收集基础数据、明晰河流弯曲程度的定义、备置试验基础设备和材料,进行试验开始前的相关基础研究和试验准备工作。在此基础上,开展实测与模型研究,其中包括对自然弯曲河流的野外监测分析和对人工弯曲河道的实验室物理模型试验研究。野外监测分析中所包含的主要工作有:选取典型样本河流、划分目标河流的弯曲段、确定监测断面、计算各河段的曲度。然后开展水质检测,对各曲度段的河流监测断面进行水样采集,并分夏、秋、冬、春四个季节对总氮、氨氮、总磷、有机物、溶解氧这五项水质指标进行检测分析,最后经过计算以及数理统计分析,研究河流曲度与河流自净能力之间的相关关系。室内的物理模型试验主要包括:设计模型结构,建造模型系统,挖设曲度分别为 1.0、1.4、1.8 和 2.2 的弯曲河道,分别对各组河道展开 52h 的污染物削减试验并按时检测其上覆水与孔隙水的污染物浓度变化,采样监测上覆水微生物量,对各组河道开启水力学试验,观测其流态、流速、水深等要素变化,最终对比分析各组曲度在上述试验中的差异。在实测与模型研究的基础上,进一步对弯曲河流的自净能力展开机理研究,研究通过野外实测发现曲度与污染物削减的关系,通过物模试验发现曲度对污染物时空分布规律的影响以及曲度对污染物分解过程的影响,结合水动力学、潜流交换理论、溶质运移理论探究河流曲度对河流自净能力的影响机理,并由此提出城镇化进程中的河道治理规划建议。

具体的技术路线如图 1.1 所示。

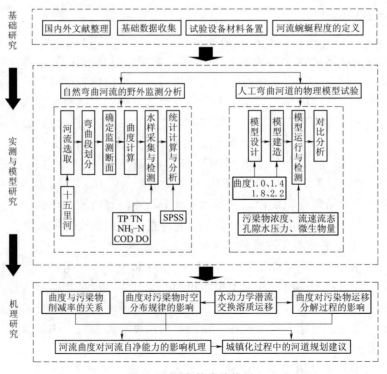

图 1.1 研究技术路线图

第 2 章 研究河流选择及区域概况

2.1 研究河流选择

平原河网地区通常人口众多、水系密布，且经济发展和城镇化水平较高，同时水体污染问题也较为突出。研究平原区域河流曲度与水体自净的关系，更具现实意义。安徽是国家新型城镇化综合试点仅有的两个省级区域之一，其中作为省会的合肥市，城镇化带来的水问题十分具有代表性，其经济相对发达、城镇化率高，与水争地导致的水问题特别是水污染问题突出，河网水系的合理规划与治理任务极为迫切。合肥市位于巢湖流域，城区和周边的河流皆流入巢湖，造成巢湖的水污染问题严重。滨湖新区的建设正使巢湖周边的农村河道经历城镇化改造，巢湖水质的改善以及滨湖新区的新型城镇化建设，都要求对周边河流形态进行合理的规划，而适宜的河流曲度是实现该区域河网水系在保护中发展的关键因素之一。因此，本研究以平原地区城镇周边的农村水系为研究对象，以安徽省合肥市的典型河道为例，研究河流曲度与水体自净能力之间的相关关系，具体筛选原则如下：

(1) 所选河流为城镇化进程中可能被改造的对象，河流不同河段具有不同的自然曲度，所有的弯曲段在同一条河流上选取以排除其他变量干扰。

(2) 研究河流河段沿程无点源污染源。

(3) 护岸结构和河岸河床基质沿程基本一致。

(4) 弯曲段的河宽沿程变化较小，在 10% 以内，横断面尺寸、河宽和宽深比沿程相近。

(5) 河流弯曲段的中轴线长度，一般大于平均河宽的 1～2 个数量级。

(6) 选取的弯曲段首尾相连以减少水质样本的数量。

(7) 不同河段的曲度尽可能覆盖更多的曲度范围。

(8) 河流上游来水水质较差，以使河流的自净能力得以体现。

以此为原则，本研究选取了位于合肥市滨湖新区的十五里河下游段为研究对象，开展相关的野外实测研究。

2.2 研究区域概况

巢湖属长江水系，位于长江下游左岸，是中国的五大淡水湖之一[130]。十五里河是巢

9

湖的一级支流，位于合肥市区南部，发源于大蜀山，自西北向东南，流经政务区、高新区、包河区和滨湖新区，在义城镇汇入巢湖，是合肥市区东南部排水的主要通道之一。

合肥市位于安徽省中部，跨长江、淮河两大流域，下辖肥东、肥西、长丰、庐江四县，以及巢湖市。介于东经 116°41′～117°58′和北纬 30°57′～32°32′之间，西接六安市，北连淮南市，东北靠滁州市，东南靠马鞍山市、芜湖市，西南邻安庆市、铜陵市；全市版图总面积 11445.1km²。

（1）地质构造方面。合肥地区属于下扬子海槽和淮阳古陆边缘地带。震旦纪前，该地为烟波浩渺的海浸区，吕梁造山运动，产生了淮阳高地与古大别山。白垩纪的燕山运动，江淮间出现皱褶，形成了江淮丘陵。第四纪的喜马拉雅运动，地壳升降、断裂、波折，出现西东走向的江淮分水岭，形成江淮分水格局。

合肥市境内具有丘陵岗地、低山残丘、河湖低洼平原三种地貌，巢湖北岸平原，为近代冲积型地层，堆积着数十米厚的内陆湖泊沉积物。

大蜀山海拔 282m，为合肥城郊最高点。河湖低洼平原分布在巢湖沿岸及南淝河、派河等河流下游两侧，地势平坦，土地肥沃，圩塘相连，物产丰富，地面高程 7～15m，洪涝灾害较为频繁。

（2）土壤结构方面。合肥地区土壤以黄棕壤、水稻土两类为主要土壤，约占全部土壤的 85％，其余为石灰（岩）土、紫色土和砂黑土。土壤计有 5 个土类，12 个亚类，103 个土种。黄棕土壤遍及全境，成土母系下蜀黄土，土层较厚，质地黏重，阻水、阻气，在 30cm 深以上形成滞水层，水分难以向下渗透，降雨时上层滞水，雨过天晴，土壤又很快龟裂，适耕期短，肥力低。水稻土呈黄白色或青灰色，下部有细砂层、砾石层，其成土母质为下蜀黄第四纪堆积物，经人类长期耕作，逐渐发育形成一种特殊类型的耕作土壤，肥力较高，较适宜各种作物生长。主要分布于巢湖沿岸低洼圩区及中部波状丘陵地区。

（3）植物结构方面。合肥市境内土地已大面积开垦为农田，植被覆盖主要是农作物，林木较少。经过多年的人工植树造林，森林覆盖率逐步在扩大。现全市陆地垦殖指数为52.3％，其中农作物覆盖占垦殖数的 92.9％，森林占垦殖数的 7.1％。

在农作物方面，以稻、麦类为主，其次为薯类、玉黍、棉、油料、瓜蔬等。历史上合肥地区农耕制度多为一年一熟，即以一季中稻为主。新中国成立后，耕作制度有所改变，麦稻轮作，一年两熟。南部低洼圩畈区，1964 年以来，推广油菜或紫云英和双季稻轮作，曾实行一年三熟耕作制。

林木方面，常绿树种和落叶树种组成的混交林，是全市主要森林木植被类型。常绿树种主要有女贞、松、柏、广玉兰等 40 余种；落叶树木主要有椿、枫、杨、槐、柳、榆、桐等 30 余种。经济林木主要有桃、李、柿、杏、枣、苹果、枇杷、桑等 20 余种。

（4）水文气象方面。本地区位于亚热带湿润季风气候带，四季分明，雨量集中，气候温和，无霜期长。冬季气候寒冷而干燥，夏季气候温暖而湿润。根据合肥气象站资料，多年平均气温在 15.7℃左右，年际变化不大。夏季极端最高气温为 41℃，冬季极端最低气温为－20.6℃。多年平均无霜期为 227 天。多年平均风速 2.3m/s，历年最大风速 21.6m/s。据本区域历年观测降水资料统计，本区多年平均降水量为 964.4mm，受冷锋、低涡、台风等影响，5—9月多暴雨，多年平均587mm，占年总量的60.9%。最大年降水量1503mm（1991年），最小年降水量496mm（1978年），最大年降水量是最小年降水量的3倍。年最大24h降水量232.1mm（1984年6月13日）。1954年最大24h降水量222.8mm，其中最大3h降水量达190mm，降水量的时程分配极不均匀。本区多年平均水面蒸发量为835mm。

（5）洪涝灾害方面。合肥市在历史上是一个遭受洪涝灾害十分频繁的城市。据《安徽省水旱灾害史料整理分析》：自明景泰元年（1450年）至1949年，近500年间，庐州府发生特大水灾6次，大水灾7次，偏大水灾9次。历史上洪水冲坏合肥城墙的有4次（1164年、1174年、1517年、1931年）。中华人民共和国成立后，发生大小洪水20次。

十五里河发源于大蜀山东南麓，自西北流向东南，穿过合肥市蜀山区和包河区，流经蜀山、姚公、烟墩、骆岗、晓星、义城等乡镇，在同心桥处汇入巢湖。全长35km，流域面积105.66km²，河宽2～33m，河道平均坡降0.72‰，不是通航河道。其河道弯曲，洪水期和枯水期水位变化大，下游地区易受洪涝影响。十五里河流域所在区域属于副热带季风区，气候温和湿润。年平均温度在15～16℃之间，极端最低气温−20.6℃，极端最高气温39.2℃，无霜期224～252天。

十五里河原属南淝河右岸支流，河口在马家渡入南淝河，1957年修建兴集排灌站时，改道直下巢湖，成为巢湖的一级支流，是合肥市西南部的主要行洪通道之一。十五里河河道弯曲，源短流急，洪枯水位变化大，汛期常受巢湖水位顶托，下游易受洪涝灾害。十五里河流域夏季主导风向为东南风，冬季为东北风，多年平均风速4.1m/s，年大风（≥18m/s）出现天数为20.8天，多年平均湿度约为77%。根据多年降水资料统计，合肥地区多年平均降水量为1008.8mm，5—9月降水量大，多年平均为587mm，占年总量的60.9%。其最大年降水量约为1503mm，而最小年降水量仅496mm，降水量的时空分配不均匀。多年平均水面蒸发量约为835mm。十五里河流域土壤以水稻土和黄棕壤两类为主，大约占所有土壤的85%。流域内植被覆盖主要是农作物，以麦、菽、稻类为主。流域内林木类型主要是落叶树和常绿树组成的混交林为主[131]。

十五里河是一条雨源性河流，河流水源来自上游天鹅湖泄水及雨季沿线流经区域地表径流水，旱季时节河水量较小，雨季或遇上游天鹅湖水库泄洪，水流流速加快，河水位陡增。沿线地下水类型主要为潜水，水量与大气降水及十五里河河水联系密切，地下水位分布较浅，地下水均流向于十五里河。河道接纳了沿河两岸的工业、生活污水，水体流动性差，导致河道水质污染较严重，对两岸居民的生存环境造成一定的不利影响。

近年来，巢湖的水质污染问题受到了党和政府的高度重视和社会的广泛关注。2017年4月27日至5月27日，中央第四环境保护督察组对安徽省开展环境保护督察。同年7月29日督察组向安徽省反馈了督察情况，明确指出巢湖流域水环境保护形势严峻，《巢湖流域水污染防治条例》出台后，大量违法开发建设仍然存在，大量湿地被占用。近年来水华频发，2015年巢湖最大水华面积占全湖面积的42.2%，约为321.8km²；2016年巢湖最大水华面积占全湖面积的31.2%，约为237.6km²。2017年一季度，湖体富营养化状态指数及总磷浓度都呈现同比上升趋势。督察还发现：巢湖上游河道入湖污染量大，十五里河等三条入湖河流的水质长期为劣Ⅴ类。根据安徽省水利水电勘测设计院的调查，十五里河为巢湖入湖河流中 TN[8.9t/(a·km²)]、TP[0.6t/(a·km²)]、NH₃-N[5.3t/(a·km²)] 单位面积污染强度最大，COD[32t/(a·km²)] 单位面积污染强度第二大的河流，十五里河是巢湖流域污染较为严重的河流[132]，同时也是巢湖水污染最主要的源头之一[133]。

十五里河的中上游段位于合肥市的主城区，大量河段被人工改造，有些被缩窄并硬质化衬砌、有些被裁弯取直、还有些被埋入地下成为暗河[134]。十五里河的下游段（图2.1）。位于老城区与滨湖新区中间的区域，随着滨湖新区自巢湖向北发展、老城区向南的扩张，及省政府搬迁后的周边集聚效应，此片区域势必进行城镇化改造。所以十五里河是城镇化进程中非常有代表性的研究河流样本，同时也可以反映平原地区部分河流水系的现状。

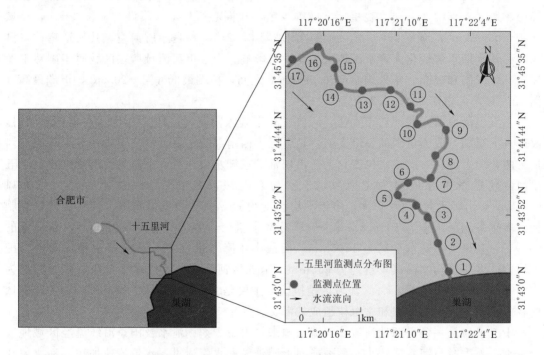

图 2.1　研究区域十五里河下游段位置示意图

本书将十五里河的下游段（东经 117°19′54.93″~117°21′41.59″，北纬 31°45′35.12″~31°43′18.89″）作为平原地区河流曲度与河流自净能力关系研究的对象。该河段全长约7.8km；具有一定的弯曲程度；全程目前没有点源污染；岸坡为土质材料，以黄棕壤、水稻土两类为主；两岸为农田；河段平均宽度为 25m；水深约为 2.5~3.5m；测量期间流速约 20cm/s；河流水质常年处于劣Ⅴ类；河道断面成 U 字形，河宽、水深和剖面形态沿程变化小；研究河段虽有一条小支流，但入河口由水闸控制，研究期间都处于关闭状态。因此试验将研究河段视为除河流曲度外其他条件近似相同的无干扰河流，仅针对曲度与水质两个要素，研究其相关关系及影响机制。

第3章 研究方法及试验设计

3.1 野外自然河流监测

1. 弯曲段的选取

在选取的目标研究河流——十五里河下游段中，截取长度相近的弯曲河段，不同弯曲段之间曲度要有一定差别，且尽量覆盖更多的曲度范围。以区域河网水系 TM 影像图为基础，利用 Arcgis10.0 软件对图像进行处理，统计各河段的长度、首尾距离等信息，计算各河段的弯曲程度[135]。本书以河流弯曲度 S 定义河道的弯曲程度，以下简称为河流曲度。河流曲度 S 的定义如下：

$$S = \frac{L_T}{L_0} \tag{3.1}$$

式中：L_T 为沿河流中轴线测量的河段长度；L_0 为河段上、下游断面间的直线距离。基于以上原则和方法，本书在研究河段的首次夏季监测时设置了采样点 11 个，并在随后的 3 次监测时布设了水质监测点 17 个，监测点编号从上游至下游依次减小，点 1 处为巢湖口，如图 2.1 所示，具体的弯曲段划分和曲度计算将在下文中分别分析。

2. 现场采样

在夏、秋、冬、春四个季节分别对监测点进行水质采样，共进行四次。同时在弯曲段的端点等关键断面设置水流流态监测点，观测各断面水流的流速、流量等数据。具体过程如下：驱车至目标河流上游，使用配有电瓶和马达的充气艇，由两名试验人员乘艇，携带采集器、带标签的集水瓶、便携式水质仪、流速仪等设备，从上游向下游依次进行监测断面的水样采集，如图 3.1（a）、（b）、（c）所示。使用采水器采集河流中轴线水面以下0.5m 处的水样，采样前集水瓶和采集器用采样点的河水清洗两遍，每个采样点采水样两瓶，一瓶为原水用塑料集水瓶收集；一瓶为加入碱性碘化钾和硫酸锰溶液各 1mL 的处理水，用于固定溶解氧用棕色玻璃瓶收集［图 3.1（d）］。每个监测点同时使用便携式水质仪进行水温、浊度、pH 值等的基础水质参数的测定。监测点间水样采集间隔时间根据现场测定的水流流速确定，尽可能保证采样人员与水流同速前进以确保各采样点采集的水样为同批水。将水样在低温保温箱中保存，24h 内将水样送至试验室进行水质检测，如图3.1（e）所示。

3. 水质指标的测定

试验室检测的指标有：总氮（TN）、总磷（TP）、氨氮（NH_3-N）、溶解氧（DO）和化

（a）秋季野外采样图

（b）冬季野外采样图

（c）春季野外采样图

（d）部分水样

（e）水质检测

图 3.1　野外河道采样及水质检测

学需氧量（COD）5 个关键水质指标浓度，TN 按《水质　总氮的测定　碱性过硫酸钾消解紫外分光光度法》（GB 11894—89）进行测定；TP 按《水质　总磷的测定　钼酸铵分光光度法》（GB 11893—89）进行测定；NH_3-N 按《水质　氨氮的测定　纳氏试剂分光光度法》（HJ 535—2009）进行测定；COD_{Cr} 按《水质　化学需氧量的测定　重铬酸盐法》（GB 11914—89）进行测定；DO 按《水质　溶解氧的测定　碘量法》（GB 7489—87）进行测定。

4. 数据分析

首先根据检测结果对 5 个关键水质指标的沿程变化规律进行分析，并对比其在不同季节中绝对值的大小。然后通过式（3.2）计算不同弯曲段的单位长度污染物浓度削减率，比较不同曲度下自然河流污染物削减率的变化规律。此后进行回归分析，建立河流曲度与污染物削减率的关系曲线，探寻自然条件下河流曲度与水体自净能力间的相关关系。污染物浓度削减率 R 的公式如下：

$$R = \frac{C_0 - C_1}{C_0 L_T} \tag{3.2}$$

式中：C_0、C_1 为河段上游断面和下游断面水质指标的浓度；L_T 为河段上下游监测点间的河道中轴线长度。河段的污染物浓度削减率越高说明该河段对污染物的自净能力越强。溶解氧的单位长度变化率用 $-R$（DO）表示，计算方法为公式（3.2）取负值，含义为溶解氧的单位长度增长率。

5. 水样检测试剂

所用主要试剂见表 3.1。

表 3.1　　　　　　　　　　　　　　**水样检测主要试剂表**

试 剂	级 别	生产厂家
过硫酸钾	AR	上海试剂一厂
氢氧化钠	AR	上海化学试剂有限公司
磷酸钠	AR	上海化学试剂有限公司
对硝基苯酚	AR	上海化学试剂有限公司
抗坏血酸	AR	无锡市民丰试剂厂
钼酸铵	AR	上海试剂一厂
酒石酸锑钾	AR	天津市天泰化学试剂厂
硫酸	AR	国药集团化学试剂公司
重铬酸钾	AR	上海化学试剂有限公司
硫酸银	AR	国药集团化学试剂公司
甲苯	AR	上海试剂一厂
磷酸苯二钠	AR	上海试剂三厂
氨水	AR	上海化学试剂有限公司
氯化铵	AR	上海试剂一厂
4-氨基安替比林	AR	上海卫辉化学试剂厂
铁氰化钾	AR	成都化学试厂
磷酸氢钠	AR	上海桃浦化工厂
磷酸二氢钠	AR	湖州化学试剂厂
乙醇	AR	上海振兴化工一厂

6. 水样检测设备

主要水质检测仪器见表 3.2。

表 3.2　　　　　　　　　　　　　　**主要水质检测仪器表**

仪 器	型 号	厂 家
有机玻璃采水器	WB-PM	北京普力特仪器有限公司
pH 计	PHS-3C	上海精密科学仪器有限公司
电子天平	FA2004	上海精科天平厂
箱式电阻炉	SS2	上海浦东荣丰科学仪器有限公司
电热恒温干燥箱	DHG-9071 A	上海申光仪器仪表有限公司
超声波清洗机	VGT-2227QTD	深圳市固特超声医疗设备有限公司
生化培养箱	LRH-250A	广东省医疗器械厂
大容量恒温振荡器	DHZ-CA	太仓市实验仪器设备厂
恒温水浴锅	HH-6	常州澳华仪器有限公司
立式压力蒸汽灭菌锅	LDZS-SOKB S	上海申安医疗器械厂
紫外可见分光光度计	TU-1800SPC	北京普析通用仪器有限责任公司
COD 消解仪	SJ-III 型	韶关市明天环保仪器有限公司
多参数水质分析仪	ES02	美国 YSI

此外，水质监测中使用到的相关采样设备还有：带标签的塑料集水瓶、玻璃集水瓶、便携式电磁流速仪（开封开流仪表有限公司，MGG/KL‑DCB）、橡皮充气艇（荷鲁斯）、电瓶、电动马达、船用两冲程汽油推进器（Mollsen）、低温保温箱以及烧杯、滴灌、量筒等耗材。

3.2　室内物理模型试验

　　由于天然河道的不规则性，导致无法做到各弯曲段除曲度外的其他条件精准相同。且野外实地监测存在局限性，在短期内较难对河流的潜流交换、岸坡基质中的孔隙水水质等指标进行精确测量，也无法进行有效的水力学试验，难以更深层次地探究曲度对水质的影响机理。在室内通过物理模型试验的方法，可以在更加精确的实验室条件下，对河流曲度和水体自净能力的关系进行验证，并通过对关键指标的测量和试验进一步深挖其作用机理。根据野外实测的结果，对于物模的试验指标，选择了相关性更加显著的氮素进行分析，并加入了部分水力学试验。

3.2.1　试验模型的设计与建立

1. 循环水试验系统的构建

　　试验场地位于河海大学水工结构研究所的水工试验大厅内。试验模型的主体结构由主池、上游集水池和下游集水池组成。主池为一个尺寸为 440cm×350cm×50cm（长×宽×高）的长方体水池，由空心砖和水泥砂浆砌筑而成，主池池底设置为坡率 1% 的斜面。在主池的一侧长边底部设置 6 个直径为 1cm 的金属连通管，连通主池内外，并在连通管的两端都连接上透明 PVC 软管，外侧软管竖直固定在主池侧壁上，内测软管将根据不同组别的需要布设在主池池底。在主池的两个短边分别砌筑了尺寸为长 126cm、宽 37cm、深 41cm，体积 0.1911m³ 的上游集水池，以及尺寸为长 127cm、宽 36cm、深 25cm，体积 0.1143m³ 的下游集水池。主池与上下游集水池直接相连，并各设置了一个 10cm 宽的过水槽使其连通。在上游过水槽后设置稳定流态的消能器，在下游过水槽处设置拦沙栅。三个水池池内均使用防水涂料粉刷三遍并使用防水土工布进行保护，以确保水池的不透水性。在下游集水池中布设安装可自动监测水体的温度、电导率和 pH 值等指标的多参数水质分析仪以及流量可调型潜流泵，水质仪探头位置及潜流泵的入水口高度均低于下游集水池入水槽底部高程。在潜流泵的出水口设置流量调节阀并接入直径为 8cm 的 PVC 软管，将软管的另一端放入上游集水池底。基础设施建成后，根据试验要求的不同，在主池内铺设细沙，并挖建断面尺寸相同、曲度不同的人工河道，河道的两端与上下游水槽相连，将模型系统内注入含氮污染水或清水即可进行各种试验。至此就形成了一个由潜流泵提供动力、可调节流量的循环水试验系统，如图 3.2 所示。

2. 试验材料

　　物理模型试验过程中有关水质检测的试验材料和仪器同野外试验基本相同。但在试验过程中还涉及其他的材料和设备，其中包括与水池模型建造相关的空心砖、水泥、防水涂料、细河沙、用于水头测量的直径 1cm 的 PVC 软管、自制河道断面模具。与水循环相关

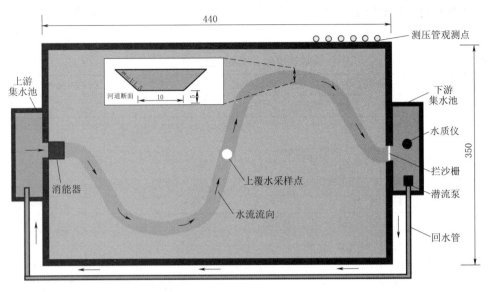

（a）循环水试验池示意图

（b）水池建造过程

（c）涂刷防水材料后的建成水池

图 3.2 物理模型设计与建造图（单位：cm）

的潜流泵、长 6m 的 PVC 软管、流量阀、拦沙网等。与生化环境制造相关的枯草芽孢杆菌（潍坊益昊生物技术有限公司，有效活菌数 200 亿/g）、成品硝化反硝化细菌（河北良孚生物技术有限公司，有效活菌数 80 亿/g）、葡萄糖（西王药业有限公司）、尿素（史丹利，总氮＞45.0%）、硝酸铵钙（云花匠，硝态氮＞14.4%）、氯化铵（天津市致远化学试剂有限公司，AR）。与流态观测相关的流速仪和塑料泡沫粒（粒径为 2～3mm）等。

为了使试验效果更加显著，建造模拟河道的材质选用的是颗粒较细的河沙，以提供更大的渗透系数使上覆水和孔隙水可以在较短的时间内融合。河沙从位于南京段的长江河道获取，试验沙的物理指标见表 3.3，试验沙的级配曲线如图 3.3 所示。选取的沙料的粒径、不均匀系数、曲率系数都相对偏小，说明试验沙的颗粒尺寸较小且粒径差别不大。较小的

17

不均匀系数在建筑河道模型时会造成河道结构的不稳定，所以在设定试验流速时对流速进行了控制，防止对河岸的过度冲刷。

表 3.3　　　　　　　　　　　　　　　试验沙的各项物理指标表

平均粒径 D_{50}/mm	有效粒径 D_{10}/mm	不均匀系数 C_u	曲率系数 C_c	渗透系数 K/(cm/s)
0.2731	0.1472	1.916	0.9273	0.246

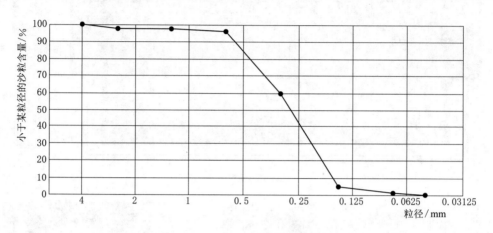

图 3.3　试验沙的级配曲线

3.2.2　河流曲度与氮素削减的相关性试验方法

氮素在河道系统中的消解相较于其他污染物更为复杂，除了拥有基质吸附等物理作用外，在氮素的分解全过程中还蕴含着大量的生物化学变化，所以试验选取了氮素作为污染指标。将人工配制的等浓度含氮污染水放入具有不同曲度的河道体系，并使其不断循环流动，对比相同试验时间后河道上覆水中各类氮素的变化情况以及总氮在河岸基质中的分布规律。由于提供氨化、硝化和反硝化作用的各类细菌对氮素的削减起着至关重要的作用，所以试验在河道基质中人工投入了等量的三类微生物以及碳源，模拟自然河道基质中的微生物环境，以促进氮素的消解。试验的具体步骤如下。

（1）定位、埋设测压管。在池中根据不同组别的设计，在下游段孔隙水压力测定区，定位测压管测点位置并埋设测压管。弯曲河道组的测压管埋设位置如图 3.5 中右侧的 6 个点所示，以曲度为 1.8 组为例，在凸岸上下游基质内距岸坡 30cm 处布设 4 组测压管埋点，分别为点①、点③、点④和点⑥，并在点①与点③的中点以及点④与点⑥的中点处布设点②和点⑤。其他弯曲组与曲度为 1.8 组的布设方式类似。顺直河道组的测压管分别布设在距河岸 30cm、90cm 和 150cm 远的河道基质内，如图 3.6 中上侧的 3 个点所示。通过以上布置可以观测弯曲段凸岸基质内的孔隙水头变化，以及顺直河道的侧向水头压力变化。测压管埋设前要充分清洗内外管身并在管头用尼龙绳缠绑 4 层纱布以防止沙粒进入管内堵塞测压管。埋设时将测压管头放置在指定位置，需注意管头位置保持水平，防止向下接触池底以及产生大角度弯折堵塞测压管，同时记录各测压管对应的水头显示管的排列顺序。

（2）填沙。试验开始前一次性购置同一批次细粒黄沙 20t，其质地、级配保持完全一致，在实验室试验装置旁用大面积不透水帆布包裹保存，试验时将所需要的细沙铲入主池中，铺设厚 20cm 的沙层，用木板将沙层表层抹平。

（3）放样并设置人工模拟河道。通过调查发现，平原地区城镇周边的自然河流曲度通常在 2.0 以下，所以试验建立曲度为 1.0 的模拟河道代表裁弯取直后的人工顺直河道；建立曲度为 1.4 和 1.8 的模拟河道代表人类干扰下的退化河道；建立曲度为 2.2 的模拟河道代表自然弯曲河流[46]，如图 3.4 所示。在池中按照试验的需要，通过对关键点的精确定点并使用尼龙线将定位点平滑连接的方法在沙面上准确定位出设计河道中轴线的走线位置，尼龙线的长度由主池内径长和弯曲度相乘得到，各组分别为 4.4m、6.16m、7.92m 和 9.68m，尼龙线的中点和每 1/4 处做上标记，保证两个弯段相互对称；之后使用自制河道断面模具、根据尼龙线的放样位置在池中挖底宽为 10cm、河底沙厚 5cm，岸坡坡率为 1∶1.5、具有目标曲度的模拟河道，在河道末端设细孔径纱网以防止沙的流失。

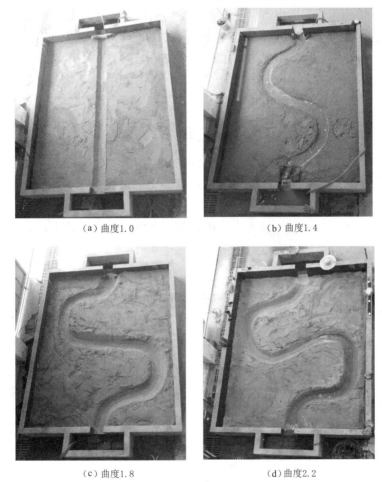

（a）曲度1.0　　　　　　　　　　　　　（b）曲度1.4

（c）曲度1.8　　　　　　　　　　　　　（d）曲度2.2

图 3.4　模拟河道建造过程图

（4）定位采样点。在上游水质采样区根据不同组别的设计，通过横纵坐标位置定位孔隙水采样点，并使用标记物进行标记和标号。采样点的布设原则考虑了以下几个方面：

1）考察以河道为轴心向两侧渐远的孔隙水污染物分布状态，以反映侧向潜流交换和溶质运移状况。

2）考察河流弯曲处凹凸岸的水质差别。

3）考察弯曲段凸岸的孔隙水污染物分布状态，以反映纵向潜流交换状况。

4）考察上覆水水质随时间的变化状况（由于上覆水之间的交换较为迅速，且系统尺度不大，在系统运行过程中各位置的上覆水水质认为是相同的，所以仅在系统中点设置一个上覆水采样点，忽略其在空间上的微小变化只考虑其时间变化规律）。

孔隙水监测点的具体布设位置如下：在曲度为 2.2、1.8、1.4 的三个弯曲河段试验组中分别布设了点①至点⑩，10 个孔隙水采样点，其中点①和点③布设在河道入口顺直段的对称两侧，距河岸的距离分别为 30cm。点②布设在点①和点③连线的中点上，为沿河流垂向的河床内孔隙水检测点，但由于河床厚度较浅，在实际试验操作过程中该点的孔隙水与上覆水基本溶为一体，所以点②的孔隙水浓度值由同时刻的上覆水浓度代替。点④布设在点①和点③连线的延长线上，与点③间距为 60cm，距河岸为 90cm，通过对检测点①至点④的监测与分析可以观察模拟河道在顺直段的侧向溶质运移状态。点⑤布设在弯曲段上游靠近弯心的位置，距河道左岸 30cm 远，在与其相对称的弯曲段下游处布设点⑨。点⑥布设在弯曲段上游远离弯心的位置，距河道左岸 30cm 远，在与其相对称的弯曲段下游处布设点⑩。通过对点⑤与点⑨以及点⑥与点⑩的监测与对比分析，可以观察模拟河道在弯曲段凸岸内的氮素分布状况，以及弯段上下游上覆水对河岸孔隙水的浓度影响，从而分析系统纵向的溶质运移状态。点⑦与点⑧分别布置在弯心处的凹凸两岸，距河道左右岸分别为 20cm 远（考虑到凹岸离边界的距离较小，为了尽量减少边界约束对结果的影响，所以设置为离河岸较近的 20cm）。通过对点⑦与点⑧的对比可以分析河道凹凸岸的氮素分布情况。具体的检测点分布位置如图 3.5 中左侧的 10 个点所示（图中为曲度 1.8 时的分布位置，曲度 1.4 与 2.2 的布设位置总体按照上述原则布置，位置与图中 1.8 时类似）。

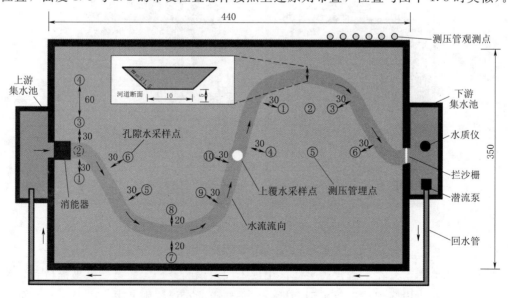

图 3.5　河道曲度为 1.8 的试验组孔隙水采样点与测压管理点分布图（单位：cm）

曲度为 1.0 的顺直河道试验由于河道结构较为简单，孔隙水的监测主要反映河道的侧向溶质运移状态，共设 4 个孔隙水采样点，点①设置在河道河床下，仍用相同时刻的上覆水浓度代替；点②布设在河道的右岸距河岸 30cm 处，点③布设在河道的右岸距河岸 90cm 处，点④布设在河道的右岸距河岸 150cm 处，点①至点④处于与河道垂直的相同直线上，具体的检测点分布位置如图 3.6 中下侧的 4 个点所示。

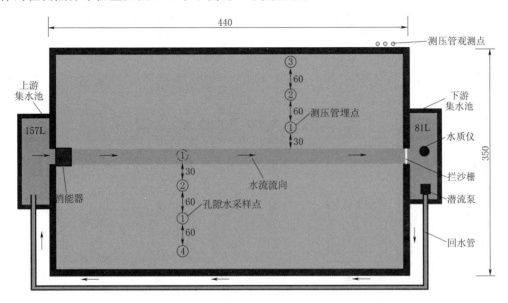

图 3.6　河道曲度为 1.0 的试验组孔隙水采样点与测压管埋点分布图（单位：cm）

　　（5）通水试验。将上下游集水池充满清水，用尼龙绳在潜流泵入水口处缠绑一层纱布以防止沙粒进入水泵损坏水轮机，开启潜流泵将下游集水池中的清水泵入上游水池并从连通槽中溢入主池人工河道内。调节流量控制阀粗调流量，然后调节潜流泵控制面板精调流量，使流量满足试验要求（0.0002m³/s）。潜流泵开启后由于主池内河道充水以及沙粒基质的吸水效应，下游集水池的水位会持续下降，此时向下游水池中继续加入清水，直至系统运行稳定并使人工河道水位略微超过试验设计水位。通水试验时由于人工河道表面有浮沙存在，所以会造成一定的冲沙现象，下游出水口处的拦沙栅需要及时清理。通水试验在系统稳定运行 4h 后结束，期间需评估河床状态，如有无岸坡塌陷、系统流量是否稳定、测压管是否存在堵塞等，在所有状态正常后将上下游集水池中的清水抽干并将池中浮沙清理干净。

　　（6）配制并喷洒微生物溶液。使用电子天平称取氨化细菌（以枯草芽孢杆菌为代表，15g）、成品硝化反硝化细菌 40g、葡萄糖 16g，在喷壶中用 2L 清水均匀溶解，其中硝化反硝化细菌和葡萄糖的添加量是根据试验装置中的水量和细菌生产厂家建议最佳投放浓度计算得到，氨化细菌是根据污染水中氨氮和有机氮的浓度比计算得到的。在试验开始前 10h 将细菌溶液均匀喷洒在主池内，喷洒时将主池分为等面积的 9 个小的区域，每个区域喷洒 0.22L 的溶液以保证主池各区域的细菌浓度相同。在静置 10h 后，经过细菌的自然繁殖试验池内初步形成了模拟自然河流岸坡基质的富碳、微生物丰富的环境。

　　（7）配置含氮溶质。自然河流中的总氮主要包括有机氮、氨氮和硝态氮，试验选取尿

21

素 ［化学式 CO(NH₂)₂，含氮量 46%］代表有机氮，氯化铵 ［化学式 NH₄Cl，含氮量 26%］代表氨氮，硝酸铵钙 ［化学式 5Ca（NO₃）₂·NH₄NO₃·10H₂O 硝态氮含量 14.4%，氨氮含量 1.1%］代表硝态氮。参考十五里河野外监测的水质检测数据，为了使试验结果更加显著，物理模型试验的总氮浓度取十五里河污染较重监测点总氮浓度的 2 倍左右，氨氮浓度取 1.5 倍左右，具体的浓度和溶液配置计算如下：硝氮的初始浓度设为 12mg/L，经计算每升水中需要硝酸铵钙 83.28mg；氨氮的初始浓度设为 15mg/L，扣除硝酸铵钙中的氨氮，每升水中需要氯化铵 53.78mg；总氮初始浓度 35mg/L，扣除氨氮和硝氮则有机氮浓度 8mg/L，所以每升水中需要 17.24mg 的尿素。经计算下游集水池需添加硝酸铵钙 6.76g，氯化铵 4.36g，尿素 1.40g。加注水桶的第三条刻度线的体积为 12.6L，水桶中需添加硝酸铵钙 1.05g，氯化铵 0.68g，尿素 0.217g，共配置 7 桶用量。将各组氮素溶质用电子天平称量好放置在贴有标签的玻璃瓶中密封备用。

（8）模型运行与采样。在微生物溶液喷洒 10h 后，将上下游集水池灌满清水至连通槽底面高程。在配置好的各氮素溶质玻璃瓶中加入清水并充分搅拌使其均匀溶解，根据标签信息分别加入对应的上下游集水池中，玻璃瓶用清水涮洗两次，涮洗后的水也倒入相应水池中。将注水桶中加入称量好的溶剂，加清水至第三道刻度线备用。

此时开启水泵运行试验并开始计时，流量保持与通水试验时一致的 0.0002m³/s。水泵开启后下游集水池水位会持续下降，此时应缓慢地从接近水面的高度加入配置好的等浓度溶液 7 桶，调整下游集水池内混凝土块使得水位运行稳定。上覆水样采样和水质仪监测数据记录时间分别为 0min、5min、10min、20min、30min、45min、1h、1.5h、2h、3h、4h、5h、6h、8h、10h、12h、14h、16h、24h、28h、32h、36h、40h、48h、52h，共计 52h（从第一天 6 点起，至第三天 11 点），采水样 25 次，每次 150mL。孔隙水采样时间分别为 0.5h、1h、4h、12h、32h 和 52h 共 6 次，孔隙水 10mL，并加清水 140mL 稀释 15 倍（由于孔隙水量较少，且需要尽量防止过量采样造成的孔隙水流动对试验的影响，在考虑使用氮素标准方法对总氮的检出限以及监测所需的样品量后，采样量被定了为每个采样点 10mL），孔隙水水样 54 个。上覆水加孔隙水共 79 个水样。

采样时将竹梯架设在主池上方，上覆水采样时采样人员携带采样瓶从竹梯上方向下接取上覆水，采样瓶已提前清洗干净并贴有上覆水采样时间标签。孔隙水采样时采样人员携带 0.5mm 注射器、贴有时间和监测点标号并已灌入 140mL 清水的采样瓶数个，从竹梯上方向下在各采样点用注射器吸取孔隙水 10mL，并缓慢注入对应的采样瓶得到稀释 15 倍后的孔隙水样。每个采样点采样后都需要对注射器进行两遍冲洗然后再进行下一个点的采样，采样全程尽量减少对模拟河道的扰动。采样后立即将瓶口封死，并放入冰箱中冷藏保存，保存温度为 4℃，如图 3.7 所示。

（9）分析水样。采样全部完成后从冰箱中取出全部 79 个水样瓶放入保温泡沫箱并加入冰袋密封，将水样寄往合作的有资质的水质检测单位进行总氮、氨氮和硝态氮的水质检测。监测方法分别为《水质　总氮的测定　碱性过硫酸钾消解紫外分光光度法》（GB 11894—89）、《水质　氨氮的测定　纳氏试剂分光光度法》（HJ 535—2009）、《水质　硝酸盐氮的测定　紫外分光光度法（试行）》（HJ/T 346—2007）。

（10）微生物菌落总数检测。在试验结束时采集一批上覆水并送往河海大学农业与工

（a）初始污染水配置　　　　　（b）孔隙水样采集　　　　（c）冷藏保存物模试验水样

图 3.7　模型运行与采样图

程学院的水质检测实验室进行微生物菌落数检测，监测试验结束时模拟河道内的微生物含量情况。试验步骤如下：

1）将采集的上覆水用冷却的蒸馏水稀释若干倍（200、2000、10000、100000 倍）。

2）将准备好的琼脂培养基测试片放于平坦处，揭开上层透明膜，使用一次性吸管分别将 1mL 稀释后的水样垂直滴加在测试片的中央处。

3）让上层透明膜自然落下，将底部隆起式压板放置在透明膜中央处并轻轻下压，使样液均匀覆盖于固定面积的圆形培养基上，1min 后待培养基凝固后取走压板。

4）将测试片放置于 37℃ 恒温箱内持续 48h。

5）取出测试片通过放大镜统计其菌落总数，并记录，最终选取菌落数在可数范围内（一般为 30～300 个）的培养基菌落数为准，如图 3.8 所示。

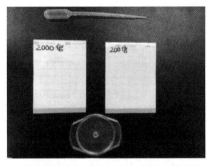

（a）将水样稀释、用压片将水样铺开并标记　　　（b）放入恒温培养箱培养在温度37℃下培养48h计数总群落数

图 3.8　上覆水微生物总群落数检测图

（11）变更曲度再试验。在进行完曲度的水质和水力学试验后，将水池内的含氮污染水抽干，并把河沙全部清运出池，用清水将水池清洗两遍，检查确认池身防水完好，潜水泵状态良好。铲入新沙，变换曲度重复步骤（1）～（10），依次完成曲度为 1.8、1.4 和 1.0 的曲度时的氮素水质模型河道试验。需要注意的是四组试验共持续 1 个月左右的时间，期

间室外气温有所变化，虽然试验模型被安排在室内，对室外温度有一定的缓冲作用，水温相较于气温变化幅度也相对较小，但是由于微生物活性对温度的敏感性，在氮素试验的后几组气温度较高时段时，使用冷冻后的塑料冰水瓶对池内的水温进行了控制，保证各组别的水温差在±1℃之内。

（12）统计分析。得到相关数据后对比分析不同曲度河道各类氮素的上覆水浓度随时间的变化过程，以及孔隙水中总氮含量的时空变化趋势，为机理研究打下基础。

3.2.3　河流曲度与水力学相关特性试验方法

1. 凸岸测压管水头测定

在每组水质试验结束后保持系统运行状态不变，读取在试验前已经布设好的各组测压管水头高度，在对应的标号下记录并分析，试验过程中时常出现水头异常测压管，这是由于管中存在空气或砂砾堵塞等情况，此时需要吸通管道并等待测压管水面稳定后再进行读数。

2. 人工弯曲河流各段流速和水深测定

在水质试验结束后保持系统运行状态不变，在系统中每隔 30cm 使用电磁流速仪测定一次河段断面的流速，并在相同位置测量河道水深，重点测量弯曲段凹凸岸的流速和水深差别，做好记录，在四次不同曲度试验后对比分析各曲度河道的流速和水深差别。

3. 人工弯曲河流流线的测定

在上述测定结束后使用泡沫粒对人工河道的河流流线进行标记、观察，主要过程包括：①试验人员在上游集水池旁准备足量的塑料泡沫粒；②试验开始，试验员手捧泡沫粒从上游出水槽处持续、匀速、均匀地将泡沫粒洒在水面上，使泡沫粒随着水流向下游流淌；③另一试验员在高处架设摄影机从试验开始记录泡沫粒形成的流线运动情况，直至河道淤满泡沫、试验结束；④期间对河道弯曲处等重要细节地段的水流情况进行特别记录，如图 3.9（a）、（b）所示。

（a）从上游入水口释放泡沫颗粒　　　（b）观察水流状态、记录水流流线

图 3.9　流线观测图

3.3　本章小结

本章介绍了针对河流曲度与河流自净能力的野外实测和物理模型试验方法，试验内容包括：

（1）在春、夏、秋、冬四个不同季节，对十五里河下游段开展野外实测研究，对布设在河流上的 17 个监测点进行水质采样，并对总磷（TP）、总氮（TN）、氨氮（$NH_3 - N$）、溶解氧（DO）和化学需氧量（COD_{Cr}）等指标进行检测分析，为自然条件下河流曲度与自净能力之间的关系提供数据支撑。

（2）在室内建立曲度为 1.0、1.4、1.8 和 2.2 的循环水河道模型，通过定位、埋设测压管、填沙、放样并设置人工模拟河道、定位采样点、通水试验、配制并喷洒微生物溶液、计算与配置含氮溶质、模型运行与采样、分析水样、微生物菌落总数检测等步骤研究含氮污染水在不同河流曲度的模拟河道中的水质变化情况。并通过凸岸测压管水头测定、人工弯曲河流各段流速、流量测定以及人工弯曲河流流线测定等方法，观测各曲度模拟河流的水力学特性。

第4章　自然条件下河流曲度与水体 自净能力间的相关关系分析

野外监测试验获取了十五里河不同季节各河段的水质数据，本章对这些数据展开了整理和分析，探讨了在自然情况下河流曲度对河水水质的影响，进而对曲度与水体自净能力之间的相关关系进行了讨论分析。

4.1　夏季河流曲度对水体自净能力的影响

4.1.1　十五里河夏季监测概况

由于是首次进行水质监测，夏季野外采样被定义为先行性试验。监测前 3 天采样小组对研究河段进行了详细现场踏勘，通过卫星图片和现场实际情况设定了 11 个采样点，如图 4.1 所示，图中小圆点为采样位置，数字为采样点编号，其中点⑪处为上游，点①处为

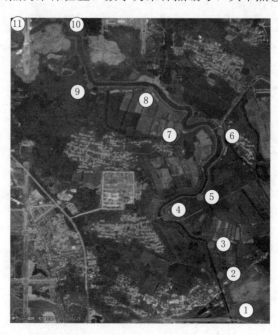

图 4.1　十五里河夏季监测点示意图

26

下游入巢湖口。正式采样时间为 2017 年 8 月 13 日 8—18 时，采样时气温约为 29℃，水温约为 22℃，流速约 20cm/s。

4.1.2 十五里河夏季总体水质状况

通过夏季水质调查，对研究河段 11 个取样点的 DO、TN、NH_3-N、TP、COD_{Cr}这五项水质指标的测定分析，得出了以下水质数据，结果见表 4.1。

表 4.1　　　　　　　　　　　　夏季十五里河下游段水质监测表

采样点编号	DO /(mg/L)	TN /(mg/L)	NH_3-N /(mg/L)	TP /(mg/L)	COD_{Cr} (mg/L)
11	1.02	16.24	10.33	0.97	34.30
10	0.90	15.79	10.31	0.96	34.30
9	4.48	14.52	6.03	0.58	17.00
8	1.93	15.28	5.88	0.64	19.70
7	2.75	14.60	5.63	0.53	15.70
6	4.33	12.59	2.78	0.41	16.60
5	2.86	11.18	3.18	0.42	20.40
4	2.63	13.20	3.12	0.35	17.00
3	2.62	11.86	3.11	0.42	17.00
2	2.55	8.45	3.36	0.41	14.80
1	1.69	8.30	3.47	0.46	17.80
均值	2.52	12.91	5.20	0.56	20.42

根据表 4.1 可绘制十五里河夏季水质沿程变化趋势图，如图 4.2 所示。

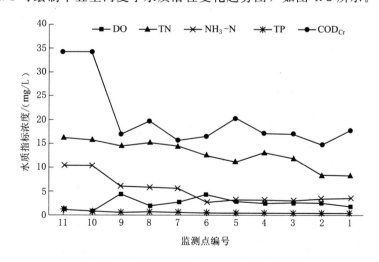

图 4.2　十五里河夏季水质沿程变化趋势图

本研究测定的 5 项指标在《地表水环境质量标准》（GB 3838—2002）中的等级分类如表 4.2 所示。

表 4.2		水 质 分 类 标 准			
指标	Ⅰ类/(mg/L)	Ⅱ类/(mg/L)	Ⅲ类/(mg/L)	Ⅳ类/(mg/L)	Ⅴ类/(mg/L)
DO	7.5	6.0	5.0	3.0	2.0
TN	0.2	0.5	1.0	1.5	2.0
NH_3-N	0.15	0.5	1.0	1.5	2.0
TP	0.02	0.1	0.2	0.3	0.4
COD_{Cr}	15	15	20	30	40

根据对十五里河夏季水质数据的整理分析可以得出以下结论：

（1）将夏季水质监测结果与表 4.2 比对后可发现，十五里河下游段全河段劣于Ⅴ类水标准，以 TN 含量超标和 DO 含量不达标为主。其中 TN 全段超Ⅴ类水标准，最高为Ⅴ类水标准的 8.1 倍；NH_3-N 全段超Ⅴ类水标准，最高为Ⅴ类水标准的 5.2 倍；全段的 COD_{Cr} 含量满足Ⅴ类水标准，81.8% 的检测点满足Ⅳ类水标准，72.7% 的检测点满足Ⅲ类水标准，9.1% 的检测点满足Ⅱ类水标准；在 DO 含量方面，36.3% 的检测点 DO 含量劣于Ⅴ类水标准，45.4% 的检测点满足Ⅴ类水标准，9.1% 的检测点为Ⅲ类水标准；全段中只有 9.1% 的 TP 含量满足Ⅴ类水标准，其余均劣于Ⅴ类水标准，最高为Ⅴ类水标准的 2.4 倍。总体来看夏季十五里河下游段各污染物指标绝对值较大，水体污染情况严重。

（2）从上游（检测点⑪）至下游（检测点①），十五里河下游段的 TN 和 NH_3-N 含量呈显著的类阶梯式下降趋势，全段削减率分别为 48.9% 和 66.4%；TP 含量呈持续显著下降趋势，全段削减率为 52.5%；DO 的含量振荡上升，全段增长率为 65.7%。COD_{Cr} 含量呈升降交替的振荡趋势，浓度下降 48.1%。总体来看，夏季十五里河的下游研究段体现出了对各类污染物的较强净化能力，以及对溶解氧含量的较强恢复能力。

4.1.3　夏季十五里河不同弯曲段对污染物沿程削减率的影响

夏季监测根据分段要求和采样点数量及位置将研究河段分为 6 个弯曲段，分别为 1～2、2～5、5～7、7～8、8～9、9～11，将河段的长度及直线距离数据代入式（3.1），计算得到其曲度分布在 1.00～1.57 之间（分别为 1.00、1.52、1.48、1.23、1.01 和 1.57；计算过程见表 4.3），各弯曲段的河道形态都为单弯，所在的周边环境、岸坡结构、气候、水源等条件近似，所以选取的 6 段河道除曲度各异外，其他河道指标保持基本相似。

表 4.3		夏季各河段曲度计算表				
弯曲段	1～2	2～5	5～7	7～8	8～9	9～11
河流长度 L_T/km	0.65	3.74	1.57	0.97	0.75	1.81
直线距离 L_0/km	0.65	2.46	1.06	0.79	0.74	1.15
曲度 s	1.00	1.52	1.48	1.23	1.01	1.57

将各监测点的水质数据分别代入式（3.2），计算各弯曲段不同水质指标的削减率（或增长率），计算结果见表 4.4。

表 4.4　　　　　　　　　　十五里河夏季各弯曲河段自净能力表

弯曲段	曲度	$-R(DO)$ /(1/km)	$R(TN)$ /(1/km)	$R(NH_3-N)$ /(1/km)	$R(TP)$ /(1/km)	$R(COD_{Cr})$ /(1/km)
1～2	1.00	−0.52	0.03	−0.05	−0.19	−0.37
2～5	1.52	−0.02	0.11	0.11	0.06	0.02
5～7	1.48	0.02	0.14	0.26	0.12	−0.18
7～8	1.23	0.43	0.04	0.04	0.17	0.21
8～9	1.01	−0.76	−0.07	0.03	−0.14	−0.21
9～11	1.57	2.03	0.05	0.23	0.22	0.28

利用 SPSS22.0 软件对曲度与各污染物削减率之间的关系做相关性分析[136, 137]，分析结果见表 4.5。

表 4.5　　　　　　十五里河夏季各水质指标变化率与曲度的相关性分析

指标	$-R(DO)$	$R(TN)$	$R(NH_3-N)$	$R(TP)$	$R(COD_{Cr})$
相关系数	0.697	0.754	0.867	0.828	0.623
显著性水平	0.124	0.084	0.025	0.042	0.186

表 4.5 中 $-R(DO)$ 表示 DO 单位长度增长率，1/km；$R(TN)$ 表示 TN 单位长度削减率，1/km；$R(NH_3-N)$ 表示 NH_3-N 单位长度削减率，1/km；$R(TP)$ 表示 TP 单位长度削减率，1/km；$R(COD_{Cr})$ 表示 COD_{Cr} 单位长度削减率，1/km，下同。从分析结果可以发现，在夏季河流曲度与各指标之间存在相关性，其中 DO 的增长率与曲度成正相关性；TN 削减率与曲度在 $P=0.1$ 的水平上相关；TP 和 NH_3-N 的削减率与曲度在 $P=0.05$ 水平上显著相关；COD_{Cr} 的削减率与曲度成正相关性。

进一步对河流曲度与其自净能力做线性回归分析[138]，结果如图 4.3 所示。

结果表明在夏季所研究的曲度范围内（1.00～1.57），河流曲度与各检测指标间存在如下关系：

河流曲度与 DO 的增长率之间存在正相关性（$R^2=0.489$），DO 的增长率随曲度的增加而持续迅速增加（斜率为 2.68），根据增长趋势线，在夏季当曲度达到 1.23 左右时河水溶解氧变化率由负转正，溶解氧开始呈现增长趋势。

TN 的削减率与 DO 的增长率趋势保持一致，与河流曲度之间存在明显的正相关性（$R^2=0.557$），但是增长率远小于 DO（斜率为 0.212），根据趋势线，当河流曲度为 1.06 时 TN 的削减率由负转正。

NH_3-N 的削减率与河流曲度也体现出较强的正相关性（$R^2=0.743$），增长斜率为 0.403，在曲度为 1.04 时由负转正。

TP 的削减率与河流曲度之间也存在明显的正相关性（$R^2=0.673$），增长斜率为 0.543，当河流曲度为 1.23 时 TP 的削减率由负转正。

河流曲度与 COD_{Cr} 的削减率也体现出了正相关性（$R^2=0.3885$），增长斜率为 0.612，在曲度为 1.37 时由负转正。

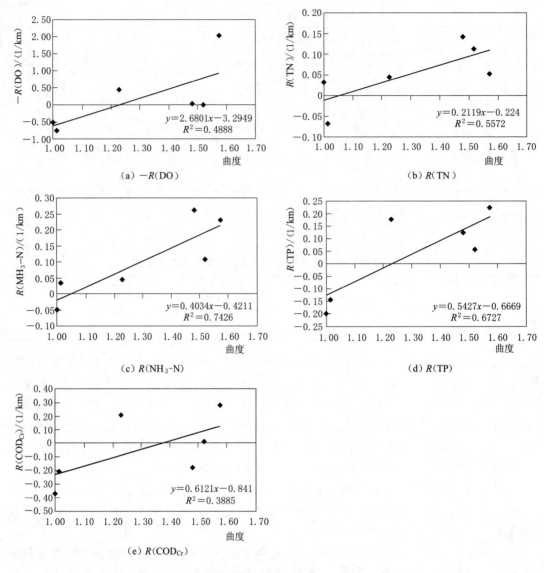

图 4.3　夏季河流曲度与各指标变化率关系图

4.2　秋季河流曲度对水体自净能力的影响

4.2.1　十五里河秋季监测概况

自秋季监测开始，将水样采样点增加到 17 个，采样时间为 2017 年 11 月 8 日 8—18 时，采样时天气晴朗，气温约为 19℃，水温约为 10℃，流速约 20cm/s。采样点位置如图 4.4 所示，图中小圆点为采样位置，白底数字为采样点编号，其中点⑰为上游监测起始点，点①为下游入巢湖口。

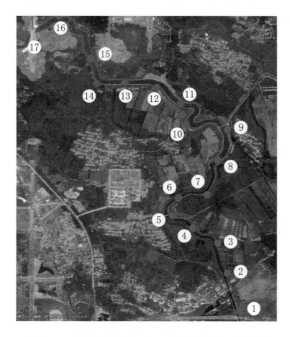

图 4.4　十五里河秋、冬、春季监测点示意图

4.2.2　十五里河秋季总体水质状况

通过秋季水质调查，对研究河段 17 个取样点的 DO、TN、NH_3-N、TP、COD_{Cr} 这五项水质指标的测定分析，得出了以下水质数据，结果见表 4.6。

表 4.6　　　　　　　　　　十五里河秋季水质检测结果汇总表

样品编号	DO/(mg/L)	TN/(mg/L)	NH_3-N/(mg/L)	TP/(mg/L)	COD_{Cr}/(mg/L)
17	3.83	9.23	3.96	0.316	21.70
16	6.11	8.74	4.42	0.331	20.60
15	6.01	8.41	2.76	0.284	18.70
14	5.11	8.37	2.64	0.286	14.00
13	6.38	8.19	2.81	0.283	16.20
12	5.01	8.35	2.86	0.279	17.60
11	7.25	8.12	2.79	0.303	18.00
10	4.92	8.31	3.10	0.276	18.70
9	4.3	7.83	3.11	0.261	18.00
8	7.75	7.72	2.62	0.240	22.80
7	5.83	7.72	2.56	0.271	18.40
6	7.31	6.97	2.30	0.221	19.50
5	5.29	7.07	2.36	0.249	20.20
4	8.42	6.97	2.15	0.219	20.60
3	5.31	7.24	2.41	0.217	16.50
2	5.83	7.27	2.36	0.262	19.10
1	5.75	7.18	3.00	0.296	25.30
均值	5.91	7.86	2.84	0.270	19.17

根据水质检测结果绘制的水质沿程变化如图 4.5 所示。

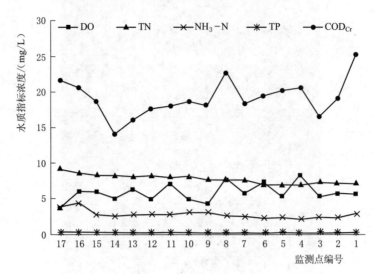

图 4.5　十五里河秋季水质沿程变化趋势图

根据对十五里河秋季水质数据的整理分析可以得出以下结论：

（1）将水质监测结果与表 4.2 比对可以看出，十五里河下游段秋季全河段劣于 V 类水标准，以 TN 含量超标为主。其中 TN 全段超 V 类水标准，最高为 V 类水标准的 4.6 倍；$NH_3 - N$ 全段超 V 类水标准，最高为 V 类水标准的 2.2 倍；全段的 COD_{Cr} 含量满足 IV 类水标准，65％的检测点满足 III 类水标准；全段的 DO 含量满足 IV 类水标准，其中 41％的检测点为 III 类水标准，41％的检测点为 II 类水标准；全段的 TP 含量满足 V 类水标准，其中 82％的检测点满足 IV 类水标准。

（2）从上游（检测点 17）至下游（检测点 1），十五里河下游段的 TN 和 $NH_3 - N$ 含量呈阶梯下降趋势，全段削减率分别为 22.2％和 24.2％；TP 含量呈振荡下降趋势，全段削减率为 6.3％；DO 的含量振荡上升，全段增长率为 50.1％。COD_{Cr} 含量呈升降交替的震荡趋势，浓度上升 16.6％。总体来看，在研究河段体现出了自然河流对氮磷元素的削减能力。

（3）总体来看，相比夏季（2017 年 8 月 13 日）检测结果，秋季（2017 年 11 月 8 日）十五里河的水质指标绝对值好于夏季，各监测点的各项指标浓度较夏季都有明显的下降。

（4）总体自净能力减弱，相比夏季 50％左右的污染物自净能力，十五里河下游段秋季的自净率大幅下降，COD_{Cr} 等指标甚至出现了震荡上升的趋势。

4.2.3　秋季十五里河不同弯曲段对污染物沿程削减率的影响

根据分段要求将研究河段分为 8 个弯曲段，分别为：1～2、2～4、4～7、7～8、8～10、10～13、13～15、15～17，将数据代入式（3.1）计算各弯段的曲度值，其曲度分布在 1.00～1.84 之间（分别为 1.00、1.14、1.84、1.02、1.65、1.30、1.22、1.56；计

算过程见表4.7），各弯曲段的河道形态都为单弯，所在的周边环境、岸坡结构、气候、水源等条件都近似，所以选取的 8 段河道除曲度各异外，其他河道指标保持基本相似。

表 4.7　　　　　　　　　　　　　秋季各河段曲度计算表

弯曲段	1～2	2～4	4～7	7～8	8～10	10～13	13～15	15～17
河道长度 L_T/km	0.65	0.87	1.14	0.48	1.09	1.34	0.79	1.40
直线距离 L_0/km	0.65	0.76	0.62	0.47	0.66	1.03	0.65	0.90
曲度 s	1.00	1.14	1.84	1.02	1.65	1.30	1.22	1.56

将各监测点的水质数据分别代入式（3.2），计算各弯曲段不同水质指标的削减率（或增长率），计算结果见表4.8。

表 4.8　　　　　　　　　　　十五里河秋季各弯曲河段自净能力表

弯曲段	曲度	$-R(DO)$ /(1/km)	$R(TN)$ /(1/km)	$R(NH_3-N)$ /(1/km)	$R(TP)$ /(1/km)	$R(COD_{Cr})$ /(1/km)
1～2	1.00	−0.02	0.02	−0.42	−0.20	−0.50
2～4	1.14	−0.35	−0.05	−0.11	−0.23	0.08
4～7	1.84	0.39	0.08	0.14	0.17	−0.10
7～8	1.02	−0.52	0.00	0.05	−0.27	0.40
8～10	1.65	0.53	0.07	0.14	0.12	−0.20
10～13	1.30	−0.17	−0.01	−0.08	0.02	−0.12
13～15	1.22	0.08	0.03	−0.02	0.00	0.17
15～17	1.56	0.41	0.06	0.22	0.07	0.10

利用 SPSS22.0 软件对曲度与各污染物削减率之间的关系做显著性分析，分析结果见表4.9。

表 4.9　　　　　　十五里河秋季各水质指标变化率与曲度的相关性分析

指标	$-R(DO)$	$R(TN)$	$R(NH_3-N)$	$R(TP)$	$R(COD_{Cr})$
相关系数	0.837	0.777	0.725	0.920	−0.135
显著性水平	0.010	0.023	0.042	0.001	0.750

从分析结果可以发现，在秋季河流曲度与各指标之间的相关关系总体较为显著，其中 DO 的增长率和 TP 的削减率与曲度在 $P=0.01$ 水平上极显著相关，相关系数分别为 0.837 和 0.920；TN 和 NH_3-N 的削减率与曲度在 $P=0.05$ 水平上显著相关，相关系数分别为 0.777 和 0.725；COD_{Cr} 的削减率与曲度成负相关，但其相关性并不显著。

进一步对河流曲度与其自净能力做线性回归分析，结果如图 4.6 所示。

结果表明在秋季所研究的曲度范围内（1.00～1.84），河流曲度与各检测指标间存在如下关系：

河流曲度与 DO 的增长率之间存在明显的正相关性（$R^2=0.698$），DO 的增长率随曲度的增加而持续迅速增加（斜率为1.03），根据增长趋势线，在秋季当曲度达到 1.35 左右

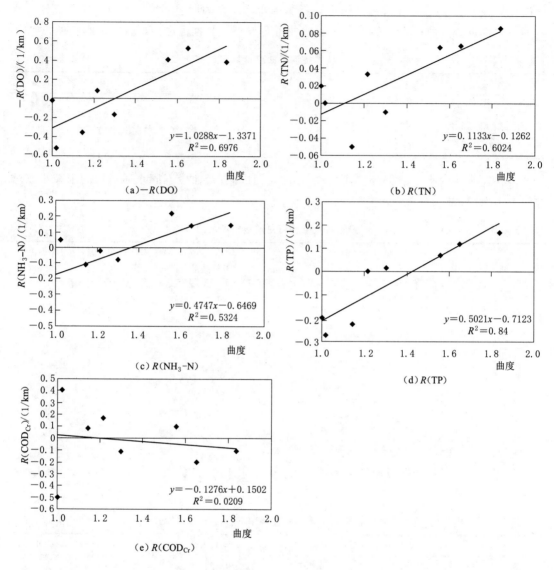

图 4.6　秋季河流曲度与各指标变化率关系图

时河水溶解氧变化率由负转正，溶解氧开始呈现增长趋势。

TN 的削减率与 DO 的增长率趋势保持一致，与河流曲度之间存在明显的正相关性（$R^2 = 0.602$），斜率仅为 0.113。根据趋势线，当河流曲度为 1.42 时 TN 的削减率由负转正。

NH_3-N 的削减率与河流曲度也体现出较好的正相关性（$R^2 = 0.532$），增长斜率为 0.475，在曲度为 1.36 时由负转正。

TP 的削减率与河流曲度之间也存在明显的正相关性（$R^2 = 0.84$），增长斜率为 0.502，当河流曲度为 1.42 时 TP 的削减率由负转正。

河流曲度与 COD_{Cr} 的削减率相关性表现不明显。

4.3 冬季河流曲度对水体自净能力的影响

4.3.1 十五里河冬季监测概况

冬季采样点个数仍为 17 个，采样点位置与秋季相同，如图 4.4 所示。采样时间为 2018 年 2 月 1 日 10 时至 17 时，采样时天气晴朗，气温约为 0℃，水温约为 8℃，流速约为 17cm/s。

4.3.2 十五里河冬季总体水质状况

通过冬季水质调查，对研究河段 17 个取样点的 DO、TN、NH_3-N、TP、COD_{Cr} 这五项水质指标的测定分析，得出了以下水质数据，结果见表 4.10。

表 4.10　　　　　　　　　　　　十五里河冬季水质检测结果汇总表

样品编号	DO/(mg/L)	TN/(mg/L)	NH_3-N/(mg/L)	TP/(mg/L)	COD_{Cr}/(mg/L)
17	4.16	12.90	6.37	0.768	28.20
16	3.68	12.50	8.06	0.739	29.30
15	4.95	13.00	4.94	0.490	20.60
14	4.37	14.60	5.56	0.521	23.80
13	4.00	12.90	5.24	0.512	25.70
12	4.33	13.20	5.32	0.557	32.90
11	4.75	13.40	4.96	0.543	26.40
10	4.65	13.50	5.03	0.627	27.50
9	3.98	12.70	5.23	0.642	28.60
8	4.14	12.90	5.38	0.625	28.90
7	4.39	13.80	5.30	0.611	27.50
6	5.21	13.00	4.72	0.561	28.20
5	4.85	12.00	4.64	0.631	27.80
4	6.29	11.50	4.47	0.625	26.40
3	5.38	12.50	4.68	0.444	24.60
2	4.63	12.40	4.76	0.460	29.70
1	3.49	13.10	5.00	0.496	25.70
均值	4.54	12.94	5.27	0.580	27.16

根据水质检测结果绘制的水质沿程变化如图 4.7 所示。

根据对十五里河冬季水质数据的整理分析可以得出以下结论：

（1）将水质监测结果与表 4.2 比对可以看出，十五里河下游段冬季全河段劣于 Ⅴ 类水标准，以氮、磷含量超标为主。其中 TN 全段超 Ⅴ 类水标准，最高为 Ⅴ 类水标准的 7.3 倍；NH_3-N 全段超 Ⅴ 类水标准，最高为 Ⅴ 类水标准的 4.0 倍；全段的 COD_{Cr} 含量满足 Ⅴ 类水标准，94.1% 的检测点满足 Ⅳ 类水标准；全段的 DO 含量满足 Ⅳ 类水标准，其中 17.6% 的检测点为 Ⅲ 类水标准，5.9% 的检测点为 Ⅱ 类水标准；全段的 TP 含量劣于 Ⅴ 类水标准，其中最高为 Ⅴ 类水标准的 1.92 倍。

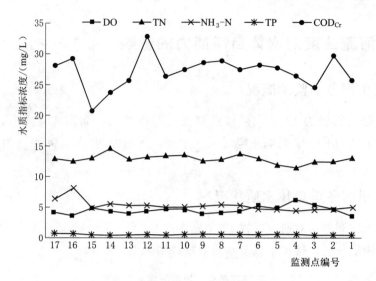

图 4.7　十五里河冬季水质沿程变化趋势图

（2）从上游（检测点⑰）至下游（检测点①），十五里河下游段的 TN 含量在一个较小的区间内震荡变化，最终起始点和入湖点的 TN 浓度相当；NH_3-N 含量呈振荡下降趋势，全段削减率为 21.5%；TP 含量呈振荡下降趋势，全段削减率为 35.4%；DO 的含量在 4 号点前呈振荡上升趋势，在之后的竖直段下降明显，最终降低 16.1%。COD_{Cr} 含量呈升降交替的明显振荡趋势，浓度最终下降 8.9%。总体来看，在冬季研究河段体现出了自然河流对氮磷元素及 COD_{Cr} 的削减能力。

（3）相比夏季和秋季的监测结果，十五里河的水质指标绝对值较差，各监测点的各项指标浓度较夏秋季都有成倍地增加。

（4）研究河段的总体的自净能力发生变化，溶解氧和总氮的自净能力减弱，总磷的自净能力相比秋季有所提高，COD_{Cr} 指标出现了减少的趋势。

4.3.3　冬季十五里河不同弯曲段对污染物沿程削减率的影响

冬季监测将研究河段分为与秋季相同的 8 个弯曲段。将各监测点的水质数据分别代入式（3.2），计算冬季各弯曲段不同水质指标的削减率（或增长率），计算结果见表 4.11。

表 4.11　　　　　　　　　　　　十五里河冬季各弯曲河段自净能力表

弯曲段	曲度	$-R(DO)$ /(1/km)	$R(TN)$ /(1/km)	$R(NH_3-N)$ /(1/km)	$R(TP)$ /(1/km)	$R(COD_{Cr})$ /(1/km)
1~2	1.00	-0.38	-0.08	-0.08	-0.12	0.21
2~4	1.14	-0.30	-0.09	-0.07	0.30	-0.14
4~7	1.84	0.38	0.15	0.14	-0.02	0.04
7~8	1.02	0.13	-0.15	0.03	0.05	0.10
8~10	1.65	-0.10	0.04	-0.06	0.00	-0.05
10~13	1.30	0.12	-0.04	0.03	-0.17	-0.05
13~15	1.22	-0.24	0.01	-0.08	-0.06	-0.31
15~17	1.56	0.14	0.00	0.16	0.26	0.19

利用 SPSS22.0 软件对曲度与各污染物削减率之间的关系做显著性分析，分析结果见表 4.12。

表 4.12　　　　　十五里河冬季各水质指标变化率与曲度的相关性分析

指标	$-R(DO)$	$R(TN)$	$R(NH_3-N)$	$R(TP)$	$R(COD_{Cr})$
相关系数	0.632	0.909	0.591	0.071	0.029
显著性水平	0.093	0.002	0.123	0.868	0.954

从分析结果可以发现，在冬季河流曲度与各指标之间的相关性较秋季有所下降，其中 DO 的增长率与曲度在 $P=0.1$ 水平上相关，相关系数为 0.632；TN 的削减率与曲度在 $P=0.05$ 水平上显著相关，相关系数为 0.909；NH_3-N 削减率与曲度的相关显著性较弱，相关系数为 0.591，TP 和 COD_{Cr} 的削减率与曲度未体现统计学上的相关性。

进一步对河流曲度与其自净能力做线性回归分析，结果如图 4.8 所示。

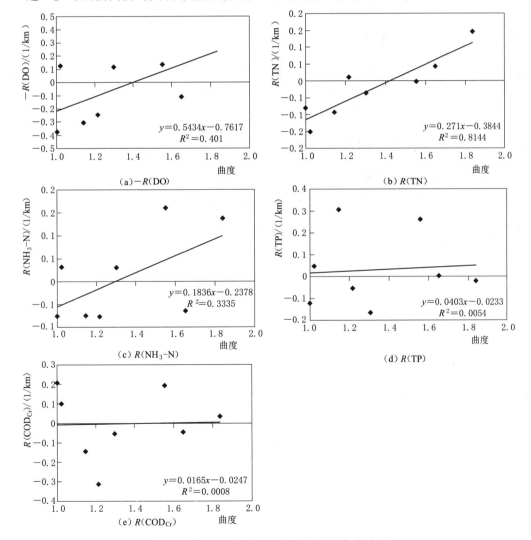

图 4.8　冬季河流曲度与各指标变化率关系图

结果表明在冬季，河流曲度与各检测指标间存在如下关系：

河流曲度与 DO 的增长率之间存在正相关性（$R^2 = 0.401$），DO 的增长率随曲度的增加而持续增加，根据增长趋势线，在冬季当曲度达到 1.4 左右时河水溶解氧变化率由负转正，DO 开始呈现增长趋势。

TN 的削减率与 DO 的增长率趋势保持一致，与河流曲度之间存在明显的正相关性（$R^2 = 0.814$），根据趋势线，当河流曲度为 1.42 时 TN 的削减率由负转正。

$NH_3 - N$ 的削减率与河流曲度也体现出了正相关性，增长斜率为 0.475，在曲度为 1.30 时由负转正。

与秋季不同，TP 的削减率与河流曲度之间并没有表现出明显的相关性。

河流曲度与 COD_{Cr} 的削减率相关性表现依旧不明显。

4.4 春季河流曲度对水体自净能力的影响

4.4.1 十五里河春季监测概况

春季采样点个数仍为 17 个，采样点位置与秋冬季相同，如图 4.4 所示。采样时间为 2018 年 5 月 10 日 8—17 时，采样时天气晴朗，气温约为 21℃，水温约为 16℃，流速约为 20cm/s。

4.4.2 十五里河春季总体水质状况

通过春季水质调查，对研究河段 17 个取样点的 DO、TN、$NH_3 - N$、TP、COD_{Cr} 这五项水质指标的测定分析，得出了以下水质数据，结果见表 4.13。

表 4.13 十五里河春季水质检测结果汇总表

样品编号	DO/(mg/L)	TN/(mg/L)	$NH_3 - N$/(mg/L)	TP/(mg/L)	COD_{Cr}/(mg/L)
⑰	2.52	13.30	11.81	0.80	25.00
⑯	1.60	10.82	8.76	0.63	21.10
⑮	4.66	6.82	3.50	0.39	17.70
⑭	2.90	7.23	3.88	0.38	20.00
⑬	4.50	6.82	4.09	0.33	18.80
⑫	4.46	6.97	3.99	0.29	20.00
⑪	3.59	6.87	4.02	0.30	31.10
⑩	3.61	6.62	3.83	0.27	18.10
⑨	4.91	6.19	3.46	0.26	19.20
⑧	5.99	6.12	3.56	0.26	20.80
⑦	4.50	6.62	3.54	0.27	23.50
⑥	4.28	6.40	3.47	0.20	20.80
⑤	4.03	6.12	3.47	0.21	15.40
④	6.97	6.05	3.45	0.21	16.50
③	5.48	5.82	3.32	0.24	19.20
②	4.52	5.66	3.06	0.21	13.50
①	4.44	5.71	3.20	0.21	14.60
均值	4.29	7.07	4.38	0.32	19.72

根据水质检测结果绘制的水质沿程变化图如图4.9所示。

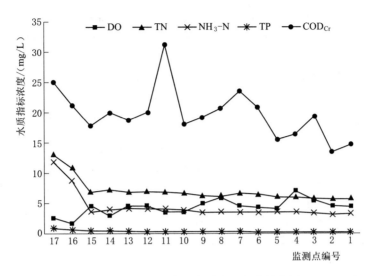

图4.9 十五里河春季水质沿程变化趋势图

根据对十五里河春季水质数据的整理分析可以得出以下结论：

（1）将水质监测结果与表4.2比对可以发现，十五里河下游段春季全河段劣于Ⅴ类水标准，以氮、磷含量超标为主。其中TN全段为劣Ⅴ类水标准，最高为Ⅴ类水标准的6.7倍；NH_3-N全段劣于Ⅴ类水标准，最高为Ⅴ类水标准的5.9倍；全段的COD_{Cr}含量满足Ⅴ类水标准，94.1%的检测点满足Ⅳ类水标准，52.9%的检测点满足Ⅲ类水标准；94.1%的检测点的DO含量满足Ⅴ类水标准，其中82.4%的检测点为Ⅳ类水标准，17.6%的检测点为Ⅲ类水标准5.9%的检测点为Ⅱ类水标准；11.8%的检测点的TP含量劣于Ⅴ类水标准，88.2%的检测点满足Ⅴ类水标准，其中70.6%的检测点为Ⅳ类水标准。

（2）从上游至下游，十五里河下游段的TN和NH_3-N含量呈阶梯下降趋势，全段削减率分别为57.1%和72.9%，且在前3个检测点表现出了更为明显的削减趋势；TP含量呈平缓持续下降趋势，全段削减率为73.8%；DO的含量振荡上升，全段增长率为76.2%。COD_{Cr}含量呈升降交替的振荡下降趋势，浓度减少了41.6%。总体来看，研究河段在春季体现出了较好的自净能力，对氮、磷元素及COD_{Cr}都表现出了良好的削减能力。

（3）相比冬季的监测结果，十五里河的水质指标绝对值明显好转，各监测点的水污染仍然较为严重，但河流表现出了更强的净化能力。

（4）研究河段的总体的自净能力发生变化，DO和TN的自净能力减弱，TP的自净能力相比秋季有所提高，COD_{Cr}指标出现了减少的趋势。

4.4.3 春季十五里河不同弯曲段对污染物沿程削减率的影响

春季试验将研究河段分为与秋冬季相同的8个弯曲段。将各监测点的水质数据分别代入式（3.2），计算冬季各弯曲段不同水质指标的削减率（或增长率），计算结果见表 4.14。

表 4.14　　　　　　　　　十五里河春季各弯曲河段自净能力表

弯曲段	曲度	$-R(DO)$ /(1/km)	$R(TN)$ /(1/km)	$R(NH_3-N)$ /(1/km)	$R(TP)$ /(1/km)	$R(COD_{Cr})$ /(1/km)
1~2	1.00	−0.03	−0.01	−0.17	−0.06	−0.13
2~4	1.14	−0.404	0.07	0.13	0.04	0.21
4~7	1.84	0.48	0.08	0.02	0.19	0.26
7~8	1.02	−0.52	−0.17	0.01	−0.07	−0.27
8~10	1.65	0.60	0.07	0.06	0.06	−0.14
10~13	1.30	−0.15	0.02	0.05	0.13	0.03
13~15	1.22	−0.04	0.06	−0.21	0.13	−0.08
15~17	1.56	0.607	0.11	0.30	0.17	0.21

利用 SPSS22.0 软件对曲度与各污染物削减率之间的关系做显著性分析，分析结果见表 4.15。

表 4.15　　　　　　　　十五里河春季各水质指标变化率与曲度的相关分析

指标	$-R(DO)$	$R(TN)$	$R(NH_3-N)$	$R(TP)$	$R(COD_{Cr})$
相关系数	0.861	0.539	0.677	0.684	0.419
显著性水平	0.006	0.168	0.065	0.062	0.301

从分析结果可以发现，在春季河流曲度与各指标之间的相关关系总体显著性有所变化，其中 DO 的增长率与曲度在 $P=0.01$ 水平上显著相关，相关系数为 0.861；TP 和 NH_3-N 削减率与曲度在 $P=0.1$ 的显著水平上相关，相关系数分别为 0.684 和 0.677；TN 和 COD_{Cr} 的削减率与曲度呈现较弱的相关性。

进一步对河流曲度与其自净能力作线性回归分析，结果如图 4.10 所示。

结果表明在春季，河流曲度与各检测指标间存在如下关系：

河流曲度与 DO 的增长率之间存在明显正相关性（$R^2=0.737$），DO 的增长率随曲度的增加而持续增加，根据增长趋势线，在春季当曲度达到 1.29 时河水溶解氧变化率由负转正，溶解氧开始呈现增长趋势。

TN 的削减率与 DO 的增长率趋势保持一致，与河流曲度之间存在正相关性（$R^2=0.443$），根据趋势线，当河流曲度为 1.23 时 TN 的削减率由负转正。

NH_3-N 的削减率与河流曲度也体现出不显著的正相关性，在曲度为 1.23 时由负转正。

TP 的削减率与河流曲度之间存在正相关性（$R^2=0.446$）。

河流曲度与 COD_{Cr} 的削减率之间也体现出不显著的正相关性，在曲度为 1.31 时由负转正。

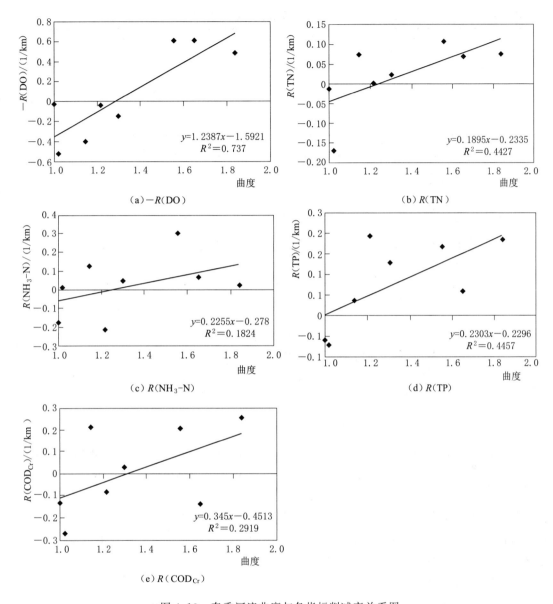

图 4.10 春季河流曲度与各指标削减率关系图

4.5 十五里河各季污染物浓度变化总结与分析

通过对十五里河下游段四个不同季节的水质分析，以及各弯曲段的污染物浓度削减率的计算可以得出以下结论：

（1）通过对十五里河下游段污染物浓度绝对值的对比可以发现，DO 含量在夏季明显低于其他季节，这符合我国水系的普遍情况。各类污染物浓度的绝对值在夏季高温情况下及冬季低温情况下的绝对值较大，而在春秋季气温适宜时绝对值较小，见表 4.16。

表 4.16   十五里河下游段不同季节水质指标平均浓度对比表

季节	DO	TN	NH_3-N	TP	COD_{Cr}
夏季	2.52	12.91	5.20	0.56	20.42
秋季	5.91	7.86	2.84	0.27	19.17
冬季	4.54	12.93	5.27	0.58	27.17
春季	4.29	7.07	4.38	0.32	19.73

根据表 4.16 的结果绘制的不同季节水质变化图如图 4.11 所示。

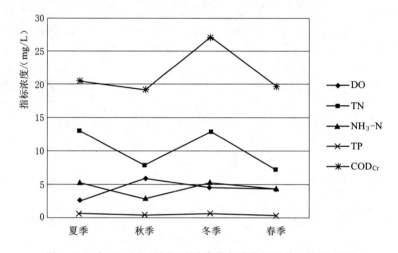

图 4.11　十五里河下游段不同季节水质指标平均浓度对比图

（2）总体来看，在曲度 1.00～1.84 的范围内，河流曲度与河流 DO 的增长率以及 TN、NH_3-N、TP 的削减率之间存在明显的正相关性，在其他环境条件相同的情况下，曲度较低的河段对污染物的净化能力较弱，而曲度较高的河段其自净能力明显更强。该结论与何嘉辉在广州市，针对曲度 1.00～1.07 的河道检测结果一致[109]，但其考察的河流曲度范围小，且对比分析的是多条不同曲度的不同河道的自净能力变化。本书从研究方法上选取了单一河流的不同弯曲段，排除了除曲度外的其他因素对水质的影响，且研究的曲度范围更广，更加可信。

（3）河流曲度在高温环境下对河流自净能力的影响更大。而在低温季节，由于温度降低导致微生物作用降低，温度成为污染物去除的限制因素，使得曲度导致的 DO 上升等因素所起的作用难以体现[116, 139]。

（4）DO 增长率的提高理应加强有机物的氧化分解、增强 COD_{Cr} 的削减率，但监测结果与预计的情况有一定的差别，后期将会增加试验做更深入的讨论分析。

（5）在对各水质指标削减率趋势线正负转折点的观察中可以发现，河流曲度在 1.42 以上时河流的氮磷污染物都转变为削减状态，DO 呈增长状态，所以研究区域河流的曲度应至少高于 1.42。

总而言之，通过以上分析可以得出，在其他条件相同的情况下，曲度较低的顺直河段对污染物的净化能力较弱，较高的河流曲度可以提高河流的自净能力，改善河流的水环境。

4.6　本章小结

　　本章通过十五里河典型河段的野外实地监测，获取了各监测点不同季节不同弯曲度的水质数据，总结、分析了十五里河野外监测的结果，发现在 1.00～1.84 的弯曲河段范围内，河流曲度与河流 DO 的增长率及 TN、NH_3-N、TP 的削减率之间存在正相关性，在环境条件相同的情况下，曲度较高的河段其自净能力明显更强。其次，通过对比污染物浓度的绝对值可以发现，DO 含量在夏季明显低于其他季节；各类污染物浓度的绝对值在夏季高温情况下及冬季低温情况下的含量较大，而在春秋季气温适宜时含量较小。此外，在对各水质指标削减率趋势线正负转折点的观察中可以发现，河流曲度在 1.42 以上时河流的氮磷污染物都转变为削减状态，DO 呈增长状态，所以研究区域河流的曲度应至少高于 1.42 才能保证其处于自净状态。

第5章 实验室条件下不同曲度河流的水质时空变化规律

由于天然河道的不规则性以及野外实地监测存在局限性。野外监测在短期内较难对河流的潜流交换、岸坡基质中的孔隙水水质等指标进行精确测量，也无法进行有效的水力学试验，难以更深层次地探究曲度对水质的影响机理。本章根据野外实测的结果，选择了相关性更加显著的氮素作为指标，通过监测含氮污染水在曲度 1.0～2.2 的 4 组模拟河道内的浓度变化，以及基质内总氮的时空分布规律，验证在实验室条件下河流曲度与自净能力的相关关系。并分析和讨论各曲度组中的水力学现象。

5.1 河流曲度对氮素污染物浓度的影响

5.1.1 河流曲度对上覆水中氮素的影响

河流曲度的变化对上覆水污染物浓度的影响是最为直观和重要的，根据室内物理模型的试验结果，本节首先对河流曲度与上覆水中氮素的相关关系分别进行了分析。在河流曲度与氮素的物理模型试验中，共投入了有机氮、氨氮和硝氮三种含氮化合物，并检测了总氮、氨氮、硝氮三种指标的含量，以下将分别从总氮、氨氮、硝氮和有机氮的角度分析探讨河流曲度对上覆水中氮素削减的影响。

5.1.1.1 河流曲度对总氮的影响

通过 52h 的循环水氮素削减试验，得出了在四种不同曲度条件下，氮素在试验开始后各时间点的浓度值，其中总氮浓度随时间的变化的结果见表 5.1。总氮的设计初始浓度为 35mg/L，四组试验实际检测出的初始浓度在 $34.41 \sim 35.59$ mg/L 即（35mg/L ± 0.6 mg/L）之间。

表 5.1   各曲度总氮浓度随时间变化表

时间	曲度 1.0 时 总氮浓度/（mg/L）	曲度 1.4 时 总氮浓度/（mg/L）	曲度 1.8 时 总氮浓度/（mg/L）	曲度 2.2 时 总氮浓度/（mg/L）
初始	35.59	34.41	35.12	35.43
5min	35.49	34.41	34.43	34.39
10min	35.47	33.88	33.92	33.51
20min	35.24	33.13	32.93	32.32

续表

时间	曲度 1.0 时 总氮浓度/(mg/L)	曲度 1.4 时 总氮浓度/(mg/L)	曲度 1.8 时 总氮浓度/(mg/L)	曲度 2.2 时 总氮浓度/(mg/L)
30min	35.02	32.87	32.40	31.82
45min	35.03	32.56	31.86	30.33
1h	35.03	32.69	31.67	29.55
1.5h	34.89	31.99	31.48	29.11
2h	34.84	32.12	30.77	28.63
3h	34.37	31.14	30.31	28.10
4h	33.99	30.85	29.83	27.78
5h	33.98	30.41	28.88	26.81
6h	33.31	29.97	28.67	25.91
8h	32.95	29.26	28.16	25.03
10h	31.46	29.13	27.06	24.61
12h	31.10	28.78	26.57	23.68
14h	30.04	28.69	25.43	22.88
16h	27.40	26.85	24.40	21.28
24h	25.70	20.86	21.45	16.12
28h	25.22	19.71	20.15	14.44
32h	24.56	19.01	18.41	12.86
36h	24.26	18.10	16.38	11.96
40h	24.12	17.07	14.92	11.29
48h	22.27	14.06	13.38	10.79
52h	21.19	14.05	12.23	10.27

根据表 5.1 可绘制各曲度总氮浓度与时间的变化趋势图，如图 5.1 所示。

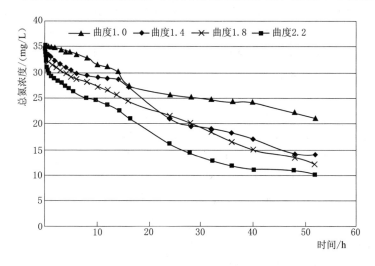

图 5.1　各曲度总氮浓度随时间变化趋势图

在整个试验过程中，总氮在系统中的变化有以下几种现象：

① 含氮污染水进入系统（主池），与基质中已有的纯净孔隙水相互融合，产生稀释作用；② 污染水进入基质中，在流经细沙的过程中，氮素被细沙表面固持；③ 污染水与基质中的微生物相互融合，产生生物化学反应。

其中现象①、②为物理变化，现象③为生物化学变化。结合趋势图可以进而得出以下结论：

（1）当试验河道曲度为 2.2 时。在试验的开始阶段总氮的浓度呈现急剧下降的趋势，其中前 2h 总氮浓度下降了 6.8mg/L，下降平均速率为 3.4mg/(L·h)，在此阶段含氮污染水充分地进入基质与纯净孔隙水发生融合（充分地进行现象①和②的过程），且顺畅地从基质中排出至上覆水，从而急剧地稀释了注入的污染水。此阶段存在部分微生物作用效应（现象③），但其作用效果应远小于系统的稀释作用，所以在阶段一中的主要作用因素是以稀释为主的物理变化。此后总氮的削减速率变得平缓，试验开始 2～36h 为第二阶段，该阶段总氮的含量削减了 16.67mg/L，平均削减速率为 0.49mg/(L·h)。在此阶段现象①和②的作用速率显著减弱但还维持在某一较低的水平并持续减少，而随着污染水与基质中富含微生物和碳源的孔隙水的混合与接触，由于微生物作用而产生的氮素含量下降成为主要的削减因素，其速率保持在一个比较稳定的水平。试验开始 36～52h 为第三阶段，该阶段削减率进一步下降，其削减量为 1.69mg/L，平均削减速率为 0.11mg/(L·h)，在此阶段由于污染物浓度绝对值的降低，各生化反应的反应物浓度下降，从而使得反应速率有所下降，此外经过 30 余 h 的不断循环，在弯曲的河流系统中污染水与净水的混合基本完成，现象①和②在第二阶段中几乎已经全部完成，在第三阶段中较少体现。在 52h 的试验过程后，通过各类物理化学变化最终总氮的总削减率为 71.01%，至此曲度 2.2 的试验组完成，若此时试验继续进行，则预测削减趋势线将会在较长的时间内保持阶段三的趋势继续下降，直到在某一时间点反应速率小到难以观测，曲线趋近于一条水平直线。

（2）当试验河道曲度为 1.8 时。在试验的开始阶段总氮的浓度同样呈现急剧下降的趋势，在前 30min 表现出与曲度 2.2 时几乎一致的曲线，但其前 2h 总氮浓度下降量为 4.35mg/L，下降平均速率为 2.18mg/(L·h)，约是曲度 2.2 时的 60%。这是由于随着曲度的减小，污染水与孔隙水的融合效率减弱，导致现象①和②的作用不充分。试验开始 0.5～40h 为第二阶段，该阶段总氮的含量削减了 17.48mg/L，平均削减速率为 0.44mg/(L·h)，与曲度 2.2 时相同此阶段三种现象共同作用，相比曲度 2.2 的试验，在曲度 1.8 的试验中平均削减速率略小，由于在阶段一时的混合作用不完全，所以在阶段二时现象①和②的削减作用应稍大于 2.2 时，且现象③小于 2.2 时。试验开始 40～52h 为第三阶段，该阶段削减率进一步下降，其削减量为 2.69mg/L，平均削减速率为 0.22mg/(L·h)，此阶段的反应速率要高于曲度 2.2 时，这是由于其前期的反应的速率相对较小，使得整个反应过程向后推移，在试验末期还保持着较高的反应物浓度使得下降速率较大。在 52h 的试验过程后，通过各类物理化学变化最终总氮的总削减率为 65.17%，至此曲度 1.8 的试验组完成，若此时试验继续进行，则预测削减趋势线将会在较长的时间内保持阶段三的趋势继续下降，最终与曲度 2.2 时相近。

（3）当试验河道曲度为 1.4 时。在试验的开始阶段总氮的浓度同样呈现急剧下降的趋势，在前 30min 表现出与高曲度时几乎一致的曲线，并与曲度 1.8 时相同。在之后削减趋势变得平缓，前 2h 总氮浓度下降量为 2.29mg/L，下降平均速率为 1.15mg/(L·h)，约是曲度 2.2 时的 33.7%，曲度 1.8 时的 52.8%，随着曲度的减小，污染水与孔隙水的融合效率进一步减弱，现象①和②的作用愈加不充分，在 0.5h 时即进入了第二阶段。该组试验的第二阶段是试验开始 0.5～48h，在阶段二中总氮的含量削减了 20.3mg/L，平均削减速率为 0.42mg/(L·h)，小于曲度 2.2 和 1.8 的试验时，但差距不大。试验开始 48～52h 为第三阶段，该阶段削减率进一步下降，其削减量为 0.01mg/L，削减率几乎为 0，相比前两个阶段有着明显的下降。在 52h 的试验过程后，最终总氮的总削减率为 59.17%，至此曲度 1.4 的试验组完成，若此时试验继续进行，则预测削减趋势线将会在较长的时间内保持阶段三的平稳趋势。

（4）当河道曲度为 1.0 时，其与之前几组表现出较为不同的变化趋势。与高曲度组不同，在试验的第一阶段其总氮的浓度没有呈现快速下降的趋势，而是在一个较小的下降趋势中维持。前 2h 总氮浓度下降量仅为 0.7mg/L，下降平均速率为 0.35mg/(L·h)，约是曲度 2.2 时的 10.3%，曲度 1.8 时的 16.1%，曲度 1.4 时的 30.4%，并且这一趋势一直保持到试验开始的第 16h。在此组试验中由于试验河道为完全笔直的顺直河道，从上游入水槽进入系统的污染水未受到过多的阻滞既可径直地流向下游出水口，上覆污染水与孔隙水的融合效率较差，现象①和②的作用效果较弱。顺直组的第二阶段是从试验开始 16h 至试验结束的第 52h，在阶段二中总氮的含量削减了 6.21mg/L，平均削减速率为 0.17mg/(L·h)，显著小于高曲度时。该组试验没有出现第三阶段，且全程的削减速率较为一致，最终总氮的总削减率为 40.46%。若此时试验继续进行，则预测削减趋势线将会在一段的时间内保持阶段二的平稳趋势，其中在某一时间当系统中污水和净水混合充分后削减速率可能出现阶段性的小幅增长，随后进入更加平缓的第三阶段，但在较长的时间范围内与高曲度的对照组之间还会保持一定的差距。

通过相同的边界条件、不同的河流曲度的四组室内物理模型对照试验，可以得出与曲度-总氮削减率相关的以下结论：

（1）试验模拟的河流系统对总氮有较好的自净作用。得益于系统中的各类物理化学和生物作用，总氮浓度随试验系统的运行而逐渐平滑地降低，体现出了河流系统对总氮的自净能力。

（2）在曲度 1.0～2.2 的范围内，河流曲度对总氮的总削减率和削减速度影响显著。在高曲度河道试验中（曲度 2.2），总氮随时间的下降速度明显高于低曲度试验时；在试验结束时（52h），高曲度河道的总氮含量显著低于低曲度河道，其中曲度 2.2 时的总氮削减量分别是 1.8 时的 1.09 倍、1.4 时的 1.20 倍以及 1.0 时的 1.75 倍。河流曲度与 52h 总氮最终削减率的关系如图 5.2 所示，由图可以看出，当试验模型由顺直河道变为低曲度河道时，总氮的削减率提升较大，而由低曲度河道变为高曲度河道时提升相对较小。

（3）在试验刚开始的第一阶段，弯曲河道（曲度 2.2、1.8、1.4）的总氮浓度都展现出了迅速下降的趋势，并且在高曲度的下降量和持续时间更长。而顺直河道在第一阶段的总氮变化趋势与弯曲河道截然不同，其在第一阶段的下降速率平缓，显著小于弯曲河道组。

（4）在试验的第二阶段，系统处在以生物化学变化为主的下降阶段，各试验组的下降

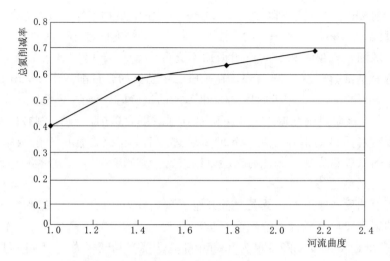

图 5.2　河流曲度与总氮最终削减率关系图

趋势均较为平缓，高曲度组还是表现出更快的下降速率。在此阶段曲度 1.4 和 1.8 的曲线出现交叉，且削减量近似，而其与曲度 1.0 组的削减量相差较大，说明在低曲度区间内总氮的削减率对曲度的改变更为敏感，而在较高曲度区间时敏感度下降。

（5）在试验的第三阶段，高曲度组的总氮浓度已处于一个相对较低的水平，其削减率变得更加平缓，而顺直组还在持续的下降过程中。预测若试验继续进行下去，只要试验时间足够长，由于系统的总水量、微生物量以及污染物溶质量相同，在试验的末期各组的削减率差别会很小，削减趋势线将趋同。

（6）总氮浓度下降的原因主要包括以净水稀释和基质吸附在内的物理变化和以微生物作用在内的生物化学变化，其影响比例推算如下：

注入系统的含氮污染水总量＝上游水池水量＋下游水池水量＋水桶容积×桶数＝157.14＋81.13＋12.6×7＝326.47L；系统内不含氮的孔隙水量＝饱和含水沙体积×孔隙率，系统基质为中密细沙，根据孔隙比经验值取 $e=0.7$，则其孔隙比 $n=0.7/(1+0.7)=0.412$；系统内含水沙为主池底厚5cm的沙层，根据主池尺寸计算得到含水沙体积为＝4.4×3.4×0.05＝748L，含水量＝748×0.412＝308.18L。所以，假设在系统运行过程中，污染水与孔隙水完全融合，则因稀释而造成的总氮削减率应为 308.18/（308.18＋326.47）＝48.53%，若以此标准则曲度 2.2 时因生化作用产生的削减率为 71.01%－48.53%＝22.48%，曲度 1.8 时的生化作用削减率为 65.17%－48.53%＝16.64%，曲度1.4 时的为 59.17%－48.53%＝10.64%，曲度 1.0 时的为 40.46%－48.53%＝－8.07%。可以看出曲度 2.2 与 1.8、曲度 1.8 与 1.4 之间因生化作用产生的差距均为 6% 左右，此差距是由于污染水在高曲度河道更快更充分地于基质中微生物的融合而带来的；而曲度1.0 时计算得到的生化削减率为负值，说明顺直河道试验组在试验结束时尚未使系统中的污染水与净水完全混合，这可能是由于污染水进入系统后无法与远离河道基质的孔隙水顺畅地融合并顺利返回上覆水中参与循环[140]。值得注意的是，上述结论建立在完全稀释的条件下，事实上，在高曲度试验组中污染水与孔隙水的融合也未必完全，可能存在在主池边角有难以参与循环的死角的情况出现，此时生化反应的作用比例将更大。

5.1.1.2 河流曲度对氨氮的影响

在分析完总氮的变化趋势后，本节进而对不同曲度下各类氮素随时间变化的趋势进行了分别讨论，表 5.2 为氨氮浓度随时间的变化结果统计表。氨氮的设计初始浓度为 15mg/L，四组试验实际检测出的初始浓度在 14.63～15.45mg/L 即（15mg/L±0.5mg/L）之间。

表 5.2　　　　　　　　　　　　各曲度氨氮浓度随时间变化表

时间	曲度 1.0 时 总氮浓度/(mg/L)	曲度 1.4 时 总氮浓度/(mg/L)	曲度 1.8 时 总氮浓度/(mg/L)	曲度 2.2 时 总氮浓度/(mg/L)
初始	15.02	14.63	15.37	15.45
5min	14.98	14.56	15.17	15.25
10min	14.86	14.45	15.09	14.96
20min	14.75	14.35	14.96	14.76
30min	14.77	14.43	14.81	14.57
45min	14.67	14.51	14.79	14.44
1h	14.58	14.46	14.66	14.39
1.5h	14.54	14.20	14.47	14.17
2h	14.41	14.16	14.15	13.94
3h	14.29	13.86	14.14	13.59
4h	14.12	13.64	14.00	13.32
5h	13.81	13.40	13.82	13.15
6h	13.74	13.27	13.57	12.98
8h	13.40	13.03	12.95	12.77
10h	12.90	12.73	12.71	12.30
12h	12.67	12.52	12.44	11.91
14h	12.41	12.23	12.27	11.09
16h	12.16	11.46	11.86	10.29
24h	12.02	11.40	11.18	7.67
28h	11.02	11.76	10.53	7.20
32h	10.89	10.81	10.05	6.68
36h	10.77	10.44	9.94	6.07
40h	10.84	9.90	9.05	5.74
48h	10.32	8.18	8.08	5.38
52h	10.23	7.36	7.03	4.77

根据表 5.2 可绘制各曲度氨氮浓度与时间的变化趋势图，如图 5.3 所示：

在整个试验过程中，氨氮在系统中的变化有以下几种现象：① 含氨氮污染水进入系统（主池），与基质中的纯净孔隙水产生稀释作用；② 氨氮进入基质中被细沙表面固持；③ 污染水中的有机氮（尿素）转化为氨氮；④ 污染水中的氨氮转化为硝态氮；⑤ 污染水中的氨氮转化为氨气挥发离开系统。

其中现象①、②为物理变化，现象③、④、⑤为生物化学变化。结合趋势图可以进而得出以下结论：

49

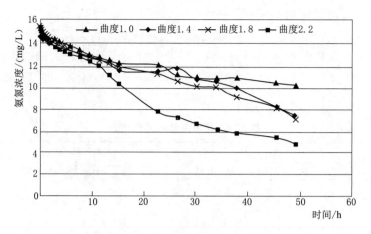

图5.3　各曲度氨氮浓度随时间变化趋势图

氨氮浓度的下降曲线较总氮更为平缓，其下降速率略小于总氮，这是由于在氨氮被稀释和分解为硝氮的同时，有机氮的分解持续提供了氨氮的来源，导致其下降速率较缓。具体来看：

（1）当试验河道曲度为2.2时。在试验的开始阶段氨氮的浓度呈现了短暂的急剧下降趋势，这一趋势随时间逐渐减缓。其中前2h氨氮浓度下降了1.51mg/L，下降平均速率为0.76mg/(L·h)，在此阶段氨氮充分地进入基质与纯净孔隙水发生融合并被沙表面吸附（现象①和②），且混合水可以顺畅地从基质中排出至上覆水，从而急剧地稀释了注入的污染水，此阶段以稀释为主的物理作用远超生化作用（现象③、④、⑤）的影响，为主要因素。此后氨氮的削减速率变得平缓，试验开始2~24h为第二阶段，该阶段氨氮的含量削减了6.27mg/L，平均削减速率为0.29mg/(L·h)，在此阶段现象①和②的作用速率显著减弱但还维持在某一较低的水平，而随着污染水中的氮素与孔隙水中富含的微生物的接触，③、④、⑤现象维持在一个动态平衡使得氨氮含量持续减少，微生物作用成为氨氮下降的主要削减因素。试验开始24~52h为第三阶段，该阶段削减率进一步下降，其削减量为2.9mg/L，平均削减速率为0.10mg/(L·h)，在此阶段由于污染物浓度绝对值的降低，各生化反应的反应物浓度下降，从而使得反应速率有所下降，现象①和②在阶段二几乎已经全部完成。在52h的试验过程后，通过各类物理化学变化最终氨氮的总削减率为69.13%，若此时试验继续进行，则预测削减趋势线将会在较长的时间内保持阶段三的趋势继续下降，最终趋近于一条接近s=0的水平直线。

（2）当试验河道曲度为1.8和1.4时。两组试验氨氮的变化趋势总体相近。在试验的开始阶段呈现短暂的急剧下降趋势，前2h氨氮浓度下降量分别为1.22mg/L和0.47mg/L，下降平均速率分别为0.61mg/(L·h)和0.24mg/(L·h)，略小于曲度2.2时，曲度减小带来的初期削减速度差异有所体现。此后在生物化学作用与物理作用共同作用下，两曲度氨氮浓度均呈相似的下降趋势，且相互纠缠。在52h的试验过程后，最终氨氮的总削减率非常接近，分别为54.26%和49.69%，但根据试验最后阶段的趋势来看曲度1.8的试验有更高的下降潜力。

（3）当试验河道曲度为1.0时。其氨氮浓度变化较之前几组更为平缓，但其在前期未表现出较大的不同的趋势。其前 2h 氨氮浓度下降量为 0.73mg/L，下降平均速率为 0.36mg/(L·h)，小于 1.8 和 2.2 曲度时但略大于 1.4 时，并且在 32h 前，其下降趋势与曲度为 1.4 和 1.8 的河段非常相似，在 32h 后顺直河道的氨氮的浓度处于维持趋势，最终总氮的总削减率为 31.89%。

通过相同的边界条件、不同河流曲度的四组室内物理模型对照试验，可以得出与河流曲度－氨氮削减率相关的以下结论：

（1）试验模拟的河流系统对氨氮有较好的自净作用。得益于系统中的各类物理、化学和生物作用，氨氮浓度随试验系统的运行而逐渐平滑地降低，体现出了河流系统对氨氮的自净能力。

（2）在曲度 1.0～2.2 的范围内，河流曲度对氨氮的总削减率和削减速度影响显著。在高曲度河道试验中（曲度 2.2），氨氮随时间的下降速度明显高于低曲度试验时，而较低曲度的两组试验（曲度 1.4 和 1.8）之间的差别较小。顺直河道（曲度 1.0）在试验的前半段与低曲度河道的下降曲线相近，在后期变得更加平缓。试验结束时（52h），高曲度河道的氨氮含量显著低于低曲度河道，其中曲度 2.2 时的氨氮削减量分别是 1.8 时的 1.27 倍、1.4 时的 1.39 倍以及 1.0 时的 2.17 倍。河流曲度与氨氮最终削减率的关系如图 5.4 所示，由图可以看出，当试验模型由顺直河道变为低曲度河道时，氨氮的削减率提升较大，而由两较低曲度河道之间的提升相对较小。

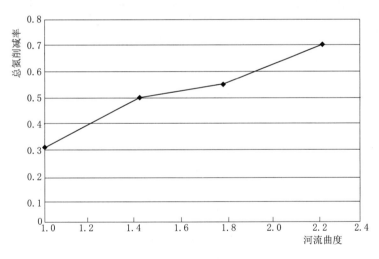

图 5.4 河流曲度与氨氮最终削减率关系图

（3）在试验刚开始的第一阶段，四组河道的氨氮浓度都展现出了较快下降的趋势，并且在高曲度的试验中下降量稍大。但与总氮相比在氨氮试验的第一阶段中，四组河道的下降趋势差别较小，氨氮对曲度变化的敏感度较小，这一趋势一直持续到了试验开始后的 14h。

（4）在试验的中后期，高曲度（曲度 2.2）河道对氨氮的削减率与低曲度河道逐渐拉开差距，并逐渐降速到第三阶段。而低曲度河道仍保持相近的下降趋势并没有出现明显的减速，在 36h 后，顺直河道的削减率逐渐与低曲度河道之间拉开差距。

（5）与总氮相比，由于有机氮转换为氨氮的速率和氨氮转换为硝态氮的速率在某些时间点会打破平衡，所以氨氮随时间的变化更加不稳定，浓度下降曲线不如总氮平滑，出现上下波动的现象。

（6）根据上文计算，假设污染水与孔隙水完全融合，则因稀释而造成的氨氮削减率仍应为 48.53%，若以此标准则曲度 2.2 时因生化作用产生的削减率为 69.12%－48.53%＝20.59%，曲度 1.8 时的生化作用削减率为 54.26%－48.53%＝5.73%，曲度 1.4 时的为 49.69%－48.53%＝1.16%，曲度 1.0 时的为 31.89%－48.53%＝－16.64%。曲度 1.0 时为负数是由于有机氮软化为氨氮的速度大于氨氮清解的速度。表面上看，在各曲度下系统对氨氮产生的生物化学作用都要比总氮更小，事实上这是在三种主要生化作用下共同产生的结果，氨氮浓度的持续减少来自于现象③、④与现象⑤的差值，使得氨氮在增减的动态中下降，污染水中原有的氨氮经生物化学作用转换为硝氮的比例会高于当前数值。

5.1.1.3　河流曲度对硝氮的影响

同样，本节对不同曲度下硝氮随时间变化的趋势进行了分别讨论，表 5.3 为硝氮浓度随时间的变化结果统计表。硝氮的设计初始浓度为 12mg/L，四组试验实际检测出的初始浓度在 12.09～12.48mg/L 即（12.3mg/L±0.3mg/L）之间。

表 5.3　　　　　　　　　　　各曲度硝氮浓度随时间变化表

时间	曲度 1.0 时总氮浓度/(mg/L)	曲度 1.4 时总氮浓度/(mg/L)	曲度 1.8 时总氮浓度/(mg/L)	曲度 2.2 时总氮浓度/(mg/L)
初始	12.48	12.46	12.10	12.09
5min	12.48	11.37	11.80	11.91
10min	12.73	11.16	11.70	11.36
20min	12.51	11.04	11.67	10.49
30min	12.46	10.64	10.94	10.17
45min	12.59	10.61	10.59	10.08
1h	12.46	10.80	10.57	9.71
1.5h	12.61	10.55	10.42	10.00
2h	12.53	10.58	10.38	9.48
3h	12.78	10.37	9.94	9.21
4h	12.17	10.45	9.34	8.53
5h	12.59	10.04	9.61	8.11
6h	11.65	10.62	8.88	8.15
8h	11.92	10.10	8.67	7.89
10h	10.94	10.01	8.61	7.73
12h	12.19	9.51	8.19	6.99
14h	11.79	9.70	8.83	7.16
16h	12.00	9.15	7.90	6.39
24h	11.29	9.43	6.79	5.13
28h	10.96	7.96	7.10	5.71
32h	10.38	7.80	7.20	5.75
36h	11.48	6.91	6.11	5.06
40h	10.96	7.10	5.87	5.12
48h	11.21	5.98	5.26	4.52
52h	10.48	6.42	5.18	4.68

根据表 5.3 可绘制各曲度硝氮浓度与时间的变化趋势图，如图 5.5 所示：

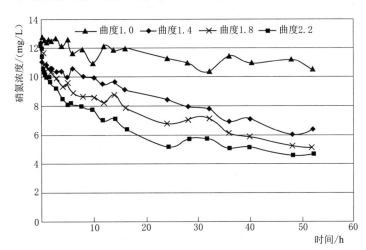

图 5.5 各曲度硝氮浓度随时间变化趋势图

在整个试验过程中，硝氮在系统中的变化有以下几种现象：① 含硝氮污染水进入系统（主池），与基质中的纯净孔隙水产生稀释作用；② 硝氮进入基质中被细沙表面固持；③ 污染水中的硝氮转化为亚硝态氮；④ 亚硝态氮转化为硝态氮；⑤ 硝态氮转化为氮气挥发离开系统。

其中现象①、②为物理变化，现象③、④、⑤为生物化学变化。结合趋势图可以进而得出以下结论：

（1）当试验河道曲度为 2.2 时。在试验的开始阶段硝氮的浓度依旧呈现由物理变化带来的急剧下降趋势，其中前 2h 硝氮浓度下降了 2.61mg/L，下降平均速率为 1.31mg/(L·h)。此后硝氮的削减速率变的平缓，试验开始 2~24h 为第二阶段，该阶段硝氮的含量削减了 4.35mg/L，平均削减速率为 0.20mg/(L·h)，在此阶段现象①和②的作用速率显著减弱，现象③、④、⑤增强，成为硝氮含量下降的主要削减因素，期间其下降速率逐渐减缓。试验开始 24~52h 为第三阶段，该阶段硝氮浓度经历了一个小幅上升随后平缓下降的过程，其削减量仅为 0.45mg/L，平均削减速率为 0.02mg/(L·h)，造成下降速率停滞现象的原因一方面还是因为系统逐步的混合均匀以及各反应物浓度的降低，另一方面经过长时间的运转，硝氮的源汇速率进入了一个平衡状态。在 52h 的试验过程后，通过各类物理化学变化最终硝氮的总削减率为 61.29%，至此曲度 2.2 的试验组完成，若此时试验继续进行，则预测削减趋势线将会在较长的时间内保持阶段三的趋势继续下降，直至曲线趋近于一条水平直线。

（2）当试验河道曲度为 1.8 和 1.4 时。两组试验硝氮的下降曲线与 2.2 时相比程度略小但趋势总体相近，在试验的开始阶段呈现短暂的急剧下降趋势，前 2h 硝氮浓度下降量分别为 1.72mg/L 和 1.88mg/L，下降平均速率分别为 0.86mg/(L·h) 和 0.94mg/(L·h)，略小于曲度 2.2 时，曲度减小带来的初期削减速度差异有所体现。此后在生物化学作用与物理作用共同作用下，两曲度硝氮浓度均呈相似的下降趋势，且 1.4 曲度时更为平缓，在低曲度的两组河道使用中未出现明显的第三次削减速率下降的趋势，所以一直保持在第二阶段，在 52h 的试验过程后，最终硝氮的总削减率分别为 57.19％和 48.48％。

（3）当试验河道曲度为 1.0 时。其与之前几组试验表现出较为不同的变化趋势。与高曲度组不同，在试验的第一阶段其硝氮的浓度没有呈现下降的趋势，反而在震荡中呈现小幅上涨趋势，前 2h 硝氮浓度上升了 0.05mg/L，并且这一趋势在试验开始的第 3h 达到顶峰，其的原因是在此组试验中顺直河道提供的现象①和②的作用效果较弱，而随着氨氮和有机氮的快速分解，现象③、④的速率较大，而由于硝氮与基质微生物混合不佳，现象⑤的速率也较弱，综合表现出硝氮浓度的短暂上升。三小时后顺直组的硝氮浓度呈现震荡小幅下降趋势，最终的总削减率为 16.03％，此时硝氮浓度还处在下降态势中。

通过以上分析，可以得出与河流曲度－硝氮削减率相关的以下结论：

（1）试验模拟的河流系统对硝氮表现出了一定的自净作用，但在各类氮素混合的试验条件下，系统体现出的对硝氮的自净能力相对较弱。

（2）在曲度 1.0～2.2 的范围内，河流曲度对硝氮的总削减率和削减速度影响显著。在高曲度河道试验中，硝氮随时间的下降速度明显高于低曲度试验时；在试验结束时（52h），高曲度河道的硝氮含量显著低于低曲度河道，其中曲度 2.2 时的硝氮削减量分别是 1.8 时的 1.07 倍、1.4 时的 1.26 倍以及 1.0 时的 3.82 倍。河流曲度与 52h 硝氮最终削减率的关系如图 5.6 所示，由图可以看出，当试验模型由顺直河道变为低曲度河道时，硝氮的削减率提升十分显著，而由低曲度河道变为高曲度河道时提升相对较小，这一趋势与总氮试验时非常类似。

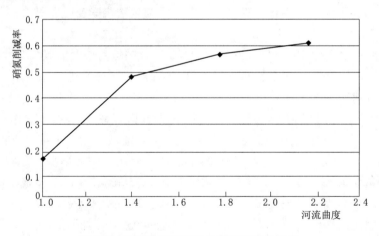

图 5.6　河流曲度与硝氮最终削减率关系图

（3）在试验的第一阶段，三组弯曲河道的硝氮浓度都展现出了较快下降的趋势，并且在高曲度的试验中下降量较大，而顺直河道中在多种现象的共同作用下未表现出明显的稀释下降趋势，反而有小幅的上升。

（4）在试验的中后期，三组弯曲河道的硝氮浓度下降速度逐渐振荡减缓，而顺直河道一直保持在一个小幅的下降过程，并与弯曲河道拉开较大差距。

（5）由于稀释作用的速率、硝氮转换为硝态氮的速率和硝态氮反硝化反应的速率在不同时间点的非线性变化，导致在某些时段硝氮随时间的变化更加不稳定，浓度下降曲线的上下波动现象更为显著。

（6）根据上文计算，假设污染水与孔隙水完全融合，则因稀释而造成的硝氮削减率也应为 48.53%，若以此标准则曲度 2.2 时因生化作用（主要是反硝化反应）产生的削减率为 61.29%−48.53%＝12.76%，曲度 1.8 时的生化作用削减率为 57.19%−48.53%＝8.66%，曲度 1.4 时的为 48.48%−48.53%＝−0.05%，曲度 1.0 时的为 16.03%−48.53%＝−32.5%。由于氨化、硝化反应的累积，硝氮的生化作用产生的削减率在各曲度下都显得较小，在曲度 1.4 和 1.0 时都甚至出现了负值，但在实际情况中，若单独观察反硝化反应则其对削减率的贡献要大于上述计算所示。

5.1.1.4 河流曲度对有机氮的影响

由于有机氮的自然分解性较强，所以试验未对样品中的有机氮含量进行直接的测定，而是通过各时间点的总氮含量减去氨氮和硝氮含量来计算其有机氮浓度。本节对不同曲度下各有机氮随时间变化的趋势进行了分别讨论，表 5.4 为有机氮浓度随时间的变化结果统计表。有机氮的设计初始浓度为 8mg/L，四组试验实际检测出的初始浓度在 7.32～8.09mg/L 即（7.7mg/L±0.4mg/L）之间。

表 5.4　　　　　　　　　　各曲度有机氮浓度随时间变化表

时间	曲度 1.0 时 有机氮浓度/(mg/L)	曲度 1.4 时 有机氮浓度/(mg/L)	曲度 1.8 时 有机氮浓度/(mg/L)	曲度 2.2 时 有机氮浓度/(mg/L)
初始	8.09	7.32	7.65	7.89
5min	8.03	8.48	7.46	7.23
10min	7.88	8.27	7.13	7.19
20min	7.98	7.74	6.30	7.07
30min	7.79	7.80	6.65	7.08
45min	7.77	7.44	6.48	5.81
1h	7.99	7.43	6.44	5.45
1.5h	7.74	7.24	6.59	4.94
2h	7.90	7.38	6.24	5.21
3h	7.30	6.91	6.23	5.30
4h	7.70	6.76	6.49	5.93
5h	7.58	6.98	5.45	5.55
6h	7.92	6.08	6.22	4.78
8h	7.63	6.13	6.54	4.37
10h	7.62	6.39	5.74	4.58
12h	6.24	6.75	5.94	4.78
14h	5.84	6.76	4.33	4.63
16h	3.24	6.24	4.64	4.60
24h	2.39	1.03	3.48	3.32
28h	3.24	−0.01	2.52	1.53
32h	3.29	0.40	1.16	0.43
36h	2.01	0.75	0.33	0.83
40h	2.32	0.07	0.00	0.43
48h	0.74	−0.10	0.04	0.89
52h	0.48	0.27	0.02	0.82

根据表 5.4 可绘制各曲度有机氮浓度与时间的变化趋势图,如图 5.7 所示。

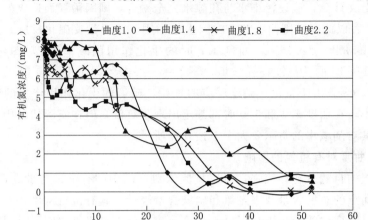

图 5.7 各曲度有机氮浓度随时间变化趋势图

在整个试验过程中,有机氮在系统中的变化有以下几种现象:① 含有机氮污染水进入系统,与基质中的纯净孔隙水产生稀释作用;② 有机氮进入基质中被细沙表面固持;③ 污染水中的有机氮分解为氨氮。

其中①、②为物理变化,③为生物化学变化。结合趋势图可以进而得出以下结论:

(1) 当试验河道曲度为 2.2 时。在试验的开始阶段由于现象①、②有机氮变化曲线呈急剧下降趋势,其中前 2h 有机氮浓度下降了 2.68mg/L,下降平均速率为 1.34mg/(L·h)。此后有机氮的削减速率变得平缓且震荡,试验开始 1.5~32h 为第二阶段,该阶段有机氮的含量削减了 4.51mg/L,平均削减速率为 0.15mg/(L·h),在此阶段现象①和②的作用速率显著减弱,现象③增强,尿素的分解成为有机氮含量下降的主要削减因素。试验开始 32~52h 为第三阶段,该阶段有机氮浓度经历了一个小幅上升的过程,增长量为 0.39mg/L,由于增长量和浓度绝对值都很小,浓度曲线也相对平缓,所以造成增长的主要原因应该是试验或有机氮计算时的误差,实际在第三阶段有机氮一直保持在一个较低的水平上。在 52h 的试验过程后,通过各类物理化学变化最终有机氮的总削减率为 89.61%,至此曲度 2.2 的试验组完成,若此时试验继续进行,则预测削减趋势线将会在较长的时间内保持阶段三的趋势继续下降,直至有机氮浓度为 0。

(2) 当试验河道曲度为 1.8 和 1.4 时。有机氮的下降曲线与曲度为 2.2 时相比趋势总体相近且相互交叉,在试验的开始阶段呈现短暂的急剧下降趋势,前 2h 有机氮浓度下降量分别为 1.42mg/L 和 1.1mg/L(1.4 曲度时初始浓度值明显偏小,按 5min 时浓度计算),下降平均速率分别为 0.71g/(L·h) 和 0.55mg/(L·h),显著小于曲度 2.2 时,曲度减小带来的初期削减速度差异在有机氮试验中也有所体现。此后在生物化学作用与物理作用共同作用下,两曲度有机氮浓度均呈震荡下降趋势,1.4 曲度组在 28h 时有机氮浓度接近 0mg/L 并进入第三阶段,在较低的浓度水平震荡;1.8 曲度组在 40h 时接近 0mg/L 并进入第三阶段一直保持几乎为 0 的浓度水平。在 52h 的试验过程后,河道曲度为 1.8 和 1.4 组的最终有机氮的总削减率分别为 99.74% 和 96.31%,所有的有机氮几乎都已经被分解。

（3）当试验河道曲度为1.0时。在试验第一阶段表现出平稳震荡的趋势，2h时的有机氮浓度要高于各弯曲组试验，并且这一震荡趋势一直保持到试验的第10h；在随后的14h中其浓度大幅度下降，直到24h时进入中等下降速度的第三阶段，最终削减率为94.01%。

总体来看，通过计算结果和分析可以得出与曲度-有机氮削减率相关的以下结论：

（1）试验模拟的河流系统对有机氮有较强的自净作用，有机氮随试验系统的运行而逐渐震荡减少直至1mg/L以下，各组净化率均为90%以上，这一部分原因是由于有机氮在水中的自然分解能力（尿素在条件合适的水中3天即可自然分解），另一方面也得益于系统运行过程中的各种物理作用和氨化细菌的作用。

（2）在曲度1.0～2.2的范围内，河流曲度对有机氮的总削减率和削减速度影响并不显著。河流曲度与52h有机氮最终削减率的关系如图5.8所示，表面上看，在曲度1.0至曲度1.8的区间内，随曲度增高有机氮的削减率呈增长趋势，而在曲度为2.2时出现了明显的下降。但值得注意的是与前几类氮素结果不同，四组不同曲度试验结束时有机氮含量都在一个很小的区间里，最终浓度相差最大仅为0.8mg/L，且在30～40h左右时三个弯曲组就都进入了变化缓慢且水平较低的第三阶段，所以各组最终的52h削减率都处于相同的水平区间上。此外四组下降曲线在试验过程中多次发生相互交错的情况，所以可以推断有机氮对河流曲度的改变并不如前几种氮素敏感，这也与尿素能在水中快速自我分解有关。

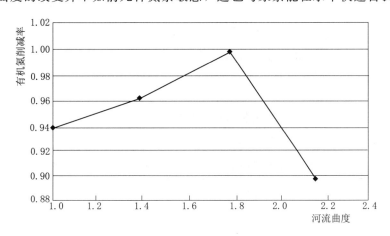

图5.8 河流曲度与有机氮最终削减率关系图

（3）在试验的第一阶段，稀释作用的体现依然十分显著，各组河道的有机氮浓度都展现出了下降的趋势，并且较高曲度的试验中下降量普遍大于较低曲度试验时。

（4）在试验的中后期，四组弯曲河道的有机氮浓度下降速度逐渐振荡减缓，且相互纠缠直至平缓，最终各曲度的有机氮含量差距较小。

（5）由于有机氮的不稳定性较大，且稀释作用的速率和有机氮转换为氨氮的速率处在动态变化中，导致有机氮随时间的变化很不稳定，浓度下降曲线的上下波动现象较大。

（6）由于有机氮的最终削减率都在90%以上，所以其氮素浓度削减的原因主要是生物化学作用而非物理作用。

5.1.2　不同曲度试验中总氮在河岸基质内的时空分布规律

为了探究氮素在河流基质内的时空分布规律，进一步明晰弯曲河流系统对氮素的净化机理，试验对各曲度组基质内特定位置的孔隙水总氮含量进行了测定，并分别对相关点的数值进行了对比分析。

孔隙水监测点的布设位置如下：在曲度为 2.2、1.8、1.4 的三个弯曲河段试验组中分别布设了点①至点⑩，10 个孔隙水采样点。

其中点①和点③布设在河道入口顺直段的对称两侧，距河岸的距离分别为 30cm。点②布设在点①和点③连线的中点上。点④布设在点①和点③连线的延长线上，距河岸为90cm 远，通过对检测点①至点④的监测与分析可以观察模拟河道在顺直段的侧向溶质运移状态。

点⑤布设在弯曲段上游靠近弯心的位置，距河道左岸 30cm 远，在与其相对称的弯曲段下游处布设点⑨。点⑥布设在弯曲段上游远离弯心的位置，距河道左岸 30cm 远，在与其相对称的弯曲段下游处布设点⑩。通过对点⑤与点⑨以及点⑥与点⑩的监测与对比分析，可以观察模拟河道在弯曲段凸岸内的氮素分布状况，以及弯段上下游上覆水对河岸孔隙水的浓度影响。

点⑦与点⑧分别布置在弯心处的凹凸两岸，距河道左右岸分别为 20cm 远。通过对点⑦与点⑧的对比可以分析河道凹凸岸的氮素分布情况。具体的检测点分布位置如图 3.5 中红点所示。

曲度为 1.0 的顺直河道，共设四个孔隙水采样点，点①设置在河道河床下，点②布设在河道的右岸距河岸 30cm 处，点③布设在河道的右岸距河岸 90cm 处，点④布设在河道的右岸距河岸 150cm 处，该组试验主要反映河道的侧向溶质运移状态，具体的检测点分布位置如图 3.6 中左侧点所示。

5.1.2.1　曲度为 2.2 时总氮在基质中的时空分布规律

曲度为 2.2 的试验检测结果统计见表 5.5。

表 5.5　　　　　曲度为 2.2 时各孔隙水监测点总氮浓度随时间变化统计表

时间	0.5h	1h	4h	12h	32h	52h
点①/(mg/L)	18.32	24.92	28.35	24.63	14.15	10.55
点②/(mg/L)	31.82	29.55	27.78	23.68	12.86	10.27
点③/(mg/L)	16.35	23.55	29.85	22.25	13.14	10.95
点④/(mg/L)	17.55	24.61	26.25	24.01	15.95	13.23
点⑤/(mg/L)	22.81	27.75	27.75	23.44	12.97	10.75
点⑥/(mg/L)	26.13	30.15	28.35	25.35	13.25	11.24
点⑦/(mg/L)	18.05	24.10	28.65	25.33	12.60	10.46
点⑧/(mg/L)	13.75	22.15	23.65	22.85	14.12	11.67
点⑨/(mg/L)	14.25	15.25	25.64	22.89	11.92	9.87
点⑩/(mg/L)	15.60	12.75	24.45	23.48	14.34	10.25

根据表 5.5 可分组绘制 2.2 曲度组各点总氮浓度随时间变化趋势图，其中点①至点④的总氮浓度变化趋势对比图如图 5.9 所示。

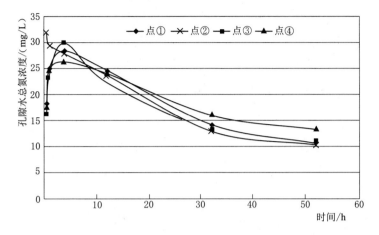

图 5.9 曲度为 2.2 的试验顺直段孔隙水总氮浓度变化趋势对比图

点①至点④位于河道顺直段垂直于水流方向的基质内（图 3.5）。通过图 5.9 可以看出，在试验的初期（0～4h）孔隙水浓度（点①、点③、点④）呈现较快的上升趋势，在试验开始 4h 时与上覆水浓度（点②）达到基本相同的水平。与河道较近的左右岸检测点①和点③浓度上升相对较高，而更远的点④浓度上升较低，在 4h 后各检测点的孔隙水浓度与上覆水浓度一起呈现下降趋势，下降曲线基本保持一致，其中点④的下降幅度稍缓，最终的总氮浓度也略高于其他三个点。

进一步对试验的过程进行深度分析。在正式试验开始前，主池内的基质状态为：模拟河道河床以下的沙基质为饱和状态，河床以上的沙基质为非饱和状态。当试验开始时污染水进入主池首先向非饱和的沙中扩散，挤走基质中的空气直到水面以下为饱和状态，并通过毛细作用向水面以上的沙中扩散。在此过程中沙表面对污染水中的氮素进行吸附，非饱和沙中含有的净水与污染水融合稀释。与此同时在试验开始后，上覆水通过垂向潜流交换直接与河床以下基质内的净水发生稀释作用。随着试验的进行河道水面高程逐渐稳定，水面以下的基质变为饱和状态，水面以上的基质保持在一个一定的含水率下。此时系统中的部分水体仍然通过潜流在基质内或基质与上覆水间相互交换，而另一部分处于系统边缘或角落的孔隙水则处于一个相对静止的稳定状态。此过程中微生物作用一直存在于基质中，并在后期起到主导作用，这就是孔隙水在试验初期浓度上升的过程，以及远离河道的点④浓度变化滞后（上升较小且下降较慢）于点①、点②的原因。

点⑦与点⑧的总氮浓度变化趋势对比图如图 5.10 所示。

点⑦位于河道弯心的凹岸，点⑧位于凸岸（图 3.5）。通过图 5.10 可以看出在试验初期，点⑦和点⑧的总氮浓度程急剧上升趋势，在试验开始的第 4h，两点的氮素浓度达到最高值，其中点⑦的总氮浓度比点⑧高 5mg/L，说明总氮在凹岸（点⑦）处的氮素聚集效果比凸岸（点⑧）更强；在 4h 后两点的污染物浓度均开始下降，且点⑦的下降幅度更加显著，在 30h 前浓度开始略低于点⑧直至试验结束。

点⑥与点⑩以及点⑤与点⑨的总氮浓度变化趋势对比图如图 5.11 所示。

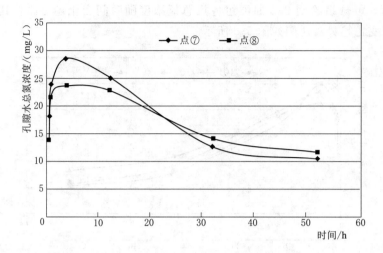

图 5.10　曲度为 2.2 的试验弯曲段凹凸岸孔隙水总氮浓度变化趋势对比图

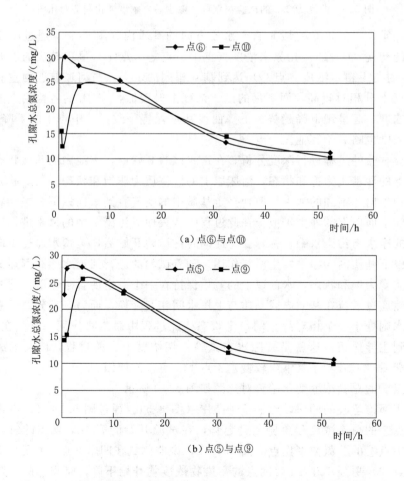

（a）点⑥与点⑩

（b）点⑤与点⑨

图 5.11　曲度为 2.2 的试验凸岸上下游孔隙水总氮浓度变化趋势对比图

点⑤至与点⑥位于凸岸的上游侧，点⑨与点⑩位于凸岸的下游侧（图3.5）。通过图5.11可以看出在试验初期，各点的孔隙水总氮浓度都呈上升趋势，其中弯段上游的点⑤和点⑥的总氮浓度上升时间较短，在试验开始后1h左右即达到浓度最大值，且最大浓度值较高。相比之下弯段的凸岸下游侧总氮浓度（点⑨、点⑩）上升趋势相对延后，在试验开始的第4h左右，氮素浓度才达到最高值，且最大值小于上游侧的峰值。其中点⑥的总氮浓度比点⑩高5.5mg/L，点⑤的总氮浓度比点⑩高2.8mg/L，说明总氮在凸岸的上游侧处的氮素聚集效果比凸岸下游侧更强。这一方面是因为试验开始后高浓度的污染水首先经过上游段，在被上游侧过滤和稀释后才流往下游，导致下游侧沙吸收的污染水浓度本身就较低。另一方面，凸岸的上游侧直接面对水流冲击，更多的污染水通过更高的水头被压入上游基质内，导致浓度更高。而下游侧仅通过较为温和的水力浸润吸取污染水，导致浓度较低。点⑥在试验开始1h后就呈现出了浓度下降的趋势，其余各点在4h左右开始下降，其中点⑥和点⑩在12h后浓度下降曲线开始相互纠缠，各时间点的浓度保持相近的水平，点⑤和点⑨在4h后保持了几乎相同的下降趋势，点⑤始终略高于点⑨。在试验后期由于污染水稀释的更加均匀，以及潜流交换的作用，导致凸岸基质内的总氮浓度变化趋势趋于一致。

5.1.2.2 曲度为1.8时氮素在基质中的时空分布规律

曲度为1.8的试验检测结果统计见表5.6。

表5.6　　　　　　　曲度为1.8时各监测点孔隙水总氮浓度随时间变化统计表

时间	0.5h	1h	4h	12h	32h	52h
点①/(mg/L)	19.71	26.40	28.75	26.50	16.55	12.45
点②/(mg/L)	32.40	31.67	29.83	26.57	18.41	12.23
点③/(mg/L)	18.65	25.40	27.20	24.55	17.25	12.33
点④/(mg/L)	14.55	16.55	23.60	21.60	18.50	14.55
点⑤/(mg/L)	26.20	27.85	27.00	25.20	17.15	11.05
点⑥/(mg/L)	27.55	29.15	29.10	25.65	16.55	12.95
点⑦/(mg/L)	19.25	31.65	28.65	28.35	16.80	11.80
点⑧/(mg/L)	17.05	25.80	28.05	26.10	18.70	12.65
点⑨/(mg/L)	17.05	23.15	24.70	24.55	16.95	13.20
点⑩/(mg/L)	16.25	24.10	25.25	24.85	17.35	12.32

根据表5.6可分组绘制1.8曲度组各点总氮浓度随时间变化趋势图，其中点①至点④的总氮浓度变化趋势对比图如图5.12所示。

通过上图可以看出，在试验开始的1h内离河道更近的点①和点③的孔隙水浓度呈现极具上升的趋势，而较远的点④的上升程度较小。在试验开始的1～4h，点①和点③呈现缓慢的上升趋势并逐渐接近上覆水浓度，点④则呈现快速上升趋势，三个孔隙水取样点的浓度在此时达到最高值，较远点的总氮浓度低于近点，右岸浓度略高于左岸，这是由于河道在顺直段后向右弯曲，导致主池上游段右侧污染水流经量更大、向点①的渗透量更多的原因。4h后各点孔隙水浓度随上覆水浓度一起呈现下降趋势，点①与点③在52h前均保持略低于上覆水浓度，为上覆水浓度的削减提供了持续的稀释动力；点④的下降幅度最

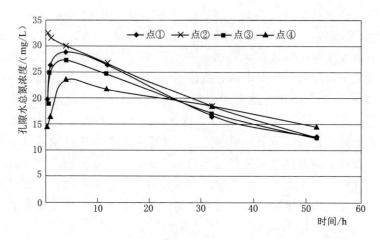

图 5.12 曲度为 1.8 的试验顺直段孔隙水总氮浓度变化趋势对比图

缓，在 32h 前浓度值超过点①和点②，最终的总氮浓度也略高于其他三个点。

点⑦与点⑧的总氮浓度变化趋势对比图如图 5.13 所示。

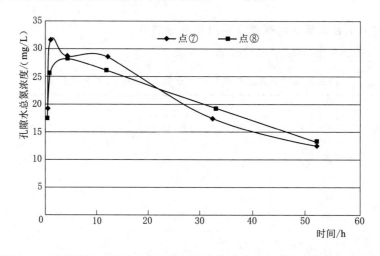

图 5.13 曲度为 1.8 的试验弯曲段凹凸岸孔隙水总氮浓度变化趋势对比图

通过上图可以看出在曲度为 1.8 试验初期，点⑦和点⑧的总氮浓度呈急剧上升趋势。在试验开始的第 1h 时，位于凹岸的点⑦即达到浓度最大值，随即开始持续下降；凸岸点⑧的氮素浓度在 4h 左右达到最高值，点⑦的总氮浓度最大值比点⑧更高且浓度上升过程更快，说明总氮在凹岸处的氮素聚集效果比凸岸更强；在 4h 后点⑧的污染物浓度也开始下降，且点⑦的下降幅度要稍大于点⑧，在 30h 前浓度开始略低于点⑧直至试验结束。相比曲度 2.2 试验时，1.8 试验组的凹岸浓度上升更快，但总体趋势近似。

点⑥与点⑩以及点⑤与点⑨的总氮浓度变化趋势对比图如图 5.14 所示。

通过上图可以看出在试验初期，各点的孔隙水总氮浓度都呈上升趋势，不同的是，位于弯段上游的点⑤和点⑥的总氮浓度上升时间很短，在试验开始后的 30min 内就已经达到了 26mg/L 的水平，并在随后的 30min 内持续走高，这还是由于试验开始时高浓度污染水

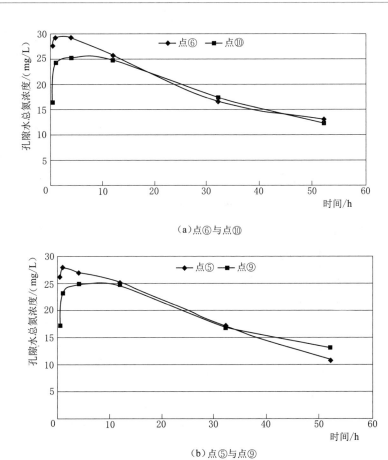

（a）点⑥与点⑩

（b）点⑤与点⑨

图 5.14　曲度为 1.8 的试验凸岸上下游孔隙水总氮浓度变化趋势对比图

直接冲击凸岸上游造成的上覆水迅速进入孔隙带来的结果，1h 后上游侧的浓度开始下降，趋势与上覆水浓度保持一致；凸岸下游侧（点⑨、点⑩）总氮浓度在试验开始的 1h 内也呈现快速上升趋势，但其增长幅度要小于上游侧，随后在 1～12h 间总氮浓度保持在一个平衡期，并在 12h 后开始显著下降。值得注意的是，四个检测点的浓度差别只体现在试验开始后的 12h 内，在此之后各点的浓度趋势都保持相同的水平。

5.1.2.3　曲度为 1.4 时氮素在基质中的时空分布规律

曲度为 1.4 的试验检测结果统计见表 5.7。

表 5.7　　　　　　　　　　曲度为 1.4 时各监测点总氮浓度随时间变化统计表

时间	0.5h	1h	4h	12h	32h	52h
点①/(mg/L)	18.28	28.15	22.63	25.20	16.55	13.85
点②/(mg/L)	32.87	32.69	30.85	28.78	19.01	14.05
点③/(mg/L)	16.25	29.35	26.65	27.75	14.75	12.52
点④/(mg/L)	14.13	20.52	24.60	24.30	14.60	11.62
点⑤/(mg/L)	24.55	28.33	29.65	27.85	18.99	14.45
点⑥/(mg/L)	26.20	30.85	29.50	27.25	18.75	13.20

续表

时间	0.5h	1h	4h	12h	32h	52h
点⑦/(mg/L)	16.50	29.85	27.60	27.45	17.35	13.75
点⑧/(mg/L)	15.23	24.80	25.24	26.13	19.37	12.65
点⑨/(mg/L)	19.85	27.50	27.95	25.65	17.85	13.50
点⑩/(mg/L)	20.24	28.93	30.25	25.55	15.05	14.15

　　根据表 5.7 可分组绘制 1.4 曲度组各点总氮浓度随时间变化趋势图,其中点①至点④的总氮浓度变化趋势对比图如图 5.15 所示。

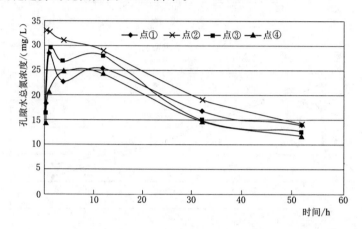

图 5.15　曲度为 1.4 的试验顺直段孔隙水总氮浓度变化趋势对比图

　　通过上图可以看出,在曲度为 1.4 的试验的前 1h 内点①、点③的孔隙水浓度急剧上升,随后呈现震荡下降的趋势,总体浓度值小于上覆水浓度,点④在前 4h 内表现出先快后慢的上升趋势,随后平缓下降。三个孔隙水检测点浓度曲线相互交织,在后期较远的点④浓度更低。相比于前几组试验,在 1.4 曲度组,其孔隙水浓度明显低于上覆水浓度,说明在低曲度条件下上覆水与孔隙水的融合程度更低。

　　点⑦与点⑧的总氮浓度变化趋势对比图如图 5.16 所示。

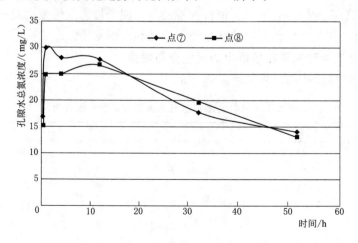

图 5.16　曲度为 1.4 的试验弯曲段凹凸岸孔隙水总氮浓度变化趋势对比图

通过上图可以看出在曲度为 1.4 的试验初期，点⑦和点⑧的总氮浓度程急剧上升趋势，在试验开始的第 1h 时，位于凹岸的点⑦即达到浓度最大值，随即开始持续下降；凸岸点⑧的氮素浓度也在 1h 内快速上升，并在随后的 11h 内缓慢增长，随后呈现与点⑦相近的下降趋势，整体表现与前几组试验相似，凹岸在前期的浓度上升快，浓度绝对值高，但与前几组相比差值较小。

点⑥与点⑩以及点⑤与点⑨的总氮浓度变化趋势对比图如图 5.17 所示。

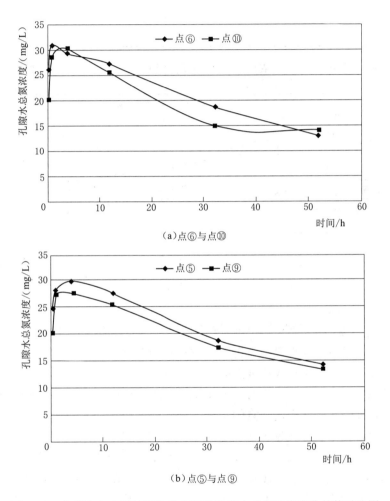

（a）点⑥与点⑩

（b）点⑤与点⑨

图 5.17 曲度为 1.4 的试验凸岸上下游孔隙水总氮浓度变化趋势对比图

由图 5.17 可以看出在试验初期，凸岸上游侧依旧呈现更快的浓度上升过程，点⑤、点⑥的 0.5h 总氮浓度均超过 24mg/L，而下游侧 0.5h 总氮含量也达到了 20mg/L 左右的水平，这可是由于上下游检测点间的河道长度大大减少，左右岸水力学差异减弱、纵向潜流交换强度降低等原因。在试验开始 1h 后，各点达到浓度激增期的末尾，其浓度绝对值差别较小，随后点⑤和点⑩在 4h 前浓度缓慢上升然后随上覆水浓度趋势平稳下降，点⑥和点⑨在 1h 后即开始逐步削减，变化曲线相似。

5.1.2.4　曲度为 1.0 时氮素在基质中的时空分布规律

曲度为 1.0 的试验检测结果统计见表 5.8。

表 5.8　　　　　　　　曲度为 1.0 时各监测点总氮浓度随时间变化统计表

时间	0.5h	1h	4h	12h	32h	52h
点①/(mg/L)	35.02	35.03	33.99	31.13	24.56	21.19
点②/(mg/L)	18.12	31.50	30.25	28.45	24.25	21.14
点③/(mg/L)	15.15	27.75	28.05	27.23	19.45	19.17
点④/(mg/L)	11.05	19.87	22.15	18.73	17.44	14.35

根据表 5.8 可绘制各点总氮浓度随时间变化趋势图，如图 5.18 所示。

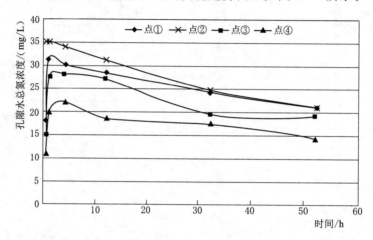

图 5.18　曲度为 1.0 的试验孔隙水总氮浓度变化趋势对比图

点①至点④位于河道顺直段垂直于水流方向的基质内（图 3.6）。通过趋势图 5.18 可以看出，在顺直河道中河岸总氮浓度随时间总体呈现先上升随后下降的趋势。在试验开始的前 0.5h 河岸的非饱和基质吸收污染水的过程就已经基本完成，其中与河岸最近的点②总氮浓度上升最快，各河岸监测点的浓度在试验开始后 1～4h 内达到顶峰。此后通过稀释与微生物作用总氮浓度逐渐减小，点②由于与上覆水距离最近，总氮下降趋势与上覆水（点①）的变化趋势逐渐靠拢，在 32h 后基本与上覆水保持一致，说明此时在距河道左右岸各 30cm 范围内上覆水与孔隙水混合基本完毕。点③在试验初期浓度上升阶段的上升幅度以及后期的浓度的下降时间上均滞后于点②，在试验结束时与上覆水浓度相近，说明此时在距河道左右岸各 90cm 范围内上覆水与孔隙水已有较好的混合。离河岸最远的点④总氮浓度变化趋势与点②、点③相近，但各点的总氮浓度明显更低，说明离河岸最远的基质在系统中的参与性最弱。在试验初期点④的总氮浓度上升较小，这是由于从河道扩散而来的污染水已经过点②、点③所在范围的稀释和吸附，所以到达点④范围的污染水浓度已经较小。随着试验的进行，试验初期远离河岸的基质所吸附的含氮污染水并未进一步参与到系统的循环中，而是一定程度地被固封在主池侧墙附近的区域中，仅依靠基质中含有的微生物在类似静态的水沙环境下进行对氮素的分解。所以在顺直河道试验的后期，上覆水和孔隙水的交换在一定程度上只在离河道较近的范围内进行，导致浓度一直保持较高的水平。

总结上述分析，可以得出以下结论：

（1）通过对顺直段监测点①、②、③、④的检测结果可以看出，随着基质位置离河道变远，基质中的污染物浓度变化明显滞后于上覆水的变化，说明河道侧向潜流交换的强度与基质距河道的距离有较强的相关性。这是因为随着离河岸的距离越来越远，推动上覆水深入河岸基质的水头压力逐渐被基质阻挡水流的阻力抵消最终达到平衡，再加上本试验系统的边界约束，不能形成侧向的潜流通路，进一步加剧了这种现象，使得河道中的上覆水在试验后期难以抵达远离河道的基质中[90]。

（2）通过凹岸点⑦和凸岸点⑧的检测结果对比分析可以看出，在试验的前期河道弯曲段的凹岸相比于凸岸更易聚集污染物。这是因为水流在凹岸涌积使水位升高，更多的污染水因额外的水头进入凹岸基质内，导致污染物浓度升高。而在试验的中后期，凹岸的污染物浓度到达顶峰后，由于凹岸处的水流流态更加复杂，潜流交换频次更大，溶解氧含量更高，所以其污染物下降速率较凸岸也更快，最终到达相近的污染物浓度水平。

（3）通过弯曲段凸岸上游点⑤、点⑥与凸岸下游点⑨、点⑩的对比分析可以看出，在试验初期凸岸的上游基质内的污染物浓度大于下游基质内，但随着时间的推移这种差别逐渐缩减，这一方面是因为在试验开始后污染水在上游得到了一定的稀释和过滤，导致河水流至下游时浓度已经减小。另一方面是因为河道凸岸内的潜流交换逐渐形成并稳定，使得凸岸上下游的污染物浓度差距逐渐缩小。

5.1.3 不同曲度氮素削减试验中微生物的变化分析

在不同曲度的氮素削减试验前，主池内都均匀铺洒了等量的经过配比的三类微生物及葡萄糖，并在10h的培养后开启试验。试验默认开启时各组的微生物含量在相同的水平上，且在试验过程中通过放置冷冻水瓶的方法控制水温使各组试验保持在相近的水温下[141]。在试验结束时采集上覆水样并进行多倍稀释分别在培养皿中培养，发现在10000倍稀释状态下，微生物总群落数易于统计，试验结果如图5.19所示。

图5.19为各组曲度氮素削减试验后，上覆水经10000倍稀释并在温度37℃下48h培养后的琼脂培养基测试片。经统计，曲度2.2试验组的有效可见群落数为166CFU，对应上覆水中的微生物浓度为1.66×10^6 CFU/mL；曲度1.8试验组的有效可见群落数为139 CFU，对应上覆水中的微生物浓度为1.39×10^6 CFU/mL；曲度1.4试验组的有效可见群落数为81 CFU，对应上覆水中的微生物浓度为8.1×10^5 CFU/mL；曲度1.0试验组的有效可见群落数为50 CFU，对应上覆水中的微生物浓度为5×10^5 CFU/mL。试验末上覆水微生物总群落数与曲度的关系如图5.20所示。

从图5.20中可以看出经过52h的试验，上覆水中微生物的含量与河流形态呈现出明显的正相关性。在曲度2.2以内随着河流曲度的升高微生物总群落的数量持续提高，其中曲度2.2组微生物总群落数为顺直河道组（曲度1.0）的3.32倍，这是由于河道在主池内所占有的面积相对较小，均匀布设在主池内的微生物大部分还是存在于两岸基质内。在高曲度河道试验中由于河道结构的优势，上覆水和孔隙水的融合更加完全，基质中的微生物

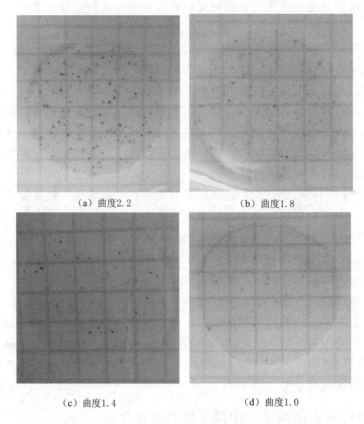

（a）曲度2.2　　　　　　　（b）曲度1.8

（c）曲度1.4　　　　　　　（d）曲度1.0

图 5.19　各曲度组试验末上覆水微生物总群落培养基

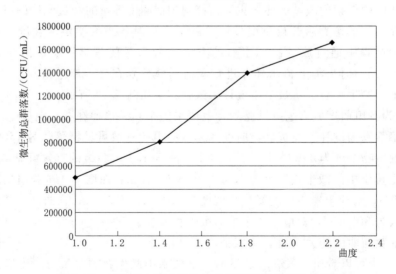

图 5.20　试验末上覆水微生物总群落数与曲度的关系图

群落可以充分地进入上覆水中参与到系统的循环。而在低曲度河道中由于上覆水和孔隙水交换能力的匮乏，导致基质内的微生物在一定程度上被固封在基质内而难以进入上覆水系统，从而导致其数量较少。另一方面，在弯曲河道中，参与到系统水循环中的各类好氧微生物可以存在于更高的溶解氧环境内，接触更多的氮源从而促进其自身的繁殖同时也降低含氮污染物的含量，更好的繁殖带来更多的有益微生物数量和更强的氮削减能力[142]。

5.2　河流曲度对水流流态的影响

为了进一步明晰水流在不同曲度河道中的变化、探究河流曲度对水体自净能力的影响机理，在每组试验的末尾，对河道上覆水的流线、流速、对基质的冲刷情况以及基质内的孔隙水压力进行了测量和分析，结果如下。

5.2.1　河流曲度对上覆水流线的影响

为了观察试验河道水流的流势，试验采用在试验水流中加入泡沫颗粒示踪的方法，直观地观察各曲度河道的水流流态，并用摄像机进行记录。

5.2.1.1　曲度为 2.2 时上覆水流线分析

通过泡沫指示颗粒在水中留下的痕迹，如图 5.21（a）所示。可以看出，水流通过进

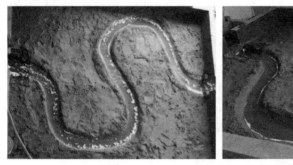

（a）流线泡沫示踪实拍图　　　　　（b）水流静止后岸坡泡沫分布图

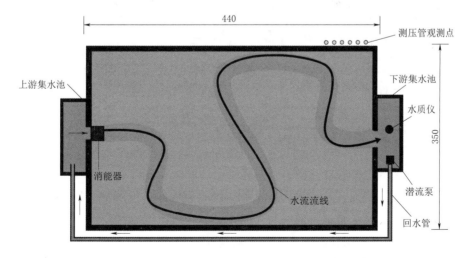

（c）流线抽象图

图 5.21　曲度为 2.2 的试验上覆水流线分布图（单位：cm）

69

水槽进入河道后，在短暂的顺直段内，水流的流线保持与河道中心线一致。随即水流进入弯段，直接冲击在弯段凸岸的上游侧即河道的左岸上。直到水流开始接近弯心，随着弯段的曲度逐渐增大，流线开始脱离左岸回到河道中央然后冲向右岸即弯段凹岸侧，并在凹岸产生了很多小的紊流（泡沫在此聚集并停留说明有小的回水出现，紊流现象明显）。流线在凹岸长时间停留以至于延伸至下个弯段的凸岸上游侧。直到接近第二个弯段的弯心时才又回到左岸并在第二个弯段的凹岸长时间停留，直至出口槽处才回到河流中心线。图5.21（c）为抽象化的流线分布图，由图可以看出，河道的流线在原本就弯曲的河道中呈现 S 形摆动的趋势，不断冲击河道的左右岸，且多集中在河道的凸岸上游及弯心的凹岸处。由图 5.21（b）停止抽水后的泡沫粒分布状况可以看出，在凸岸上游和弯心的凹岸处残余了不少泡沫颗粒，而在凸岸弯心处及下游段未见泡沫颗粒。这种对凸岸上游产生冲击、在凸岸下游形成类似"低压力区"的流线形态，带来了强烈的纵向潜流交换动力，可以促使上覆水在弯段上游进入凸岸基质并在下游"低压力区"内释出。这种流线形态也解释了在水质试验中，凸岸上游及弯心凹岸处的孔隙水浓度在试验初期上升更快、浓度更高的现象。

在试验加大流量后这种 S 形流态在凹岸弯心处和凸岸上游侧产生了更强的紊流和持续的冲刷。试验结束时拍摄了图 5.22，从图中可以看出凸岸上游侧和凹岸侧的岸线已经被部分冲毁，出现较大的冲刷区，长此以往会使河流曲度增大，弯段的"脖子"部位[143]（河湾跨度）越来越短、纵向潜流交换越来越强，最终由潜流变成明流、形成牛轭湖，从图中还可以看到水流对河床的冲刷使原本平滑的河床变得凹凸不平。

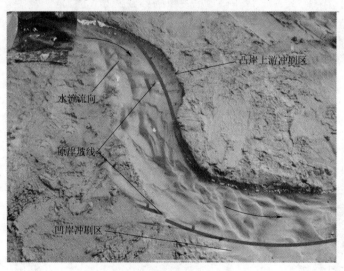

图 5.22　弯曲河段岸坡冲刷图

5.2.1.2　曲度为 1.8 时上覆水流线分析

曲度 1.8 的流线分布试验与曲度 2.2 时的规律相似，图 5.23（a）为流线试验刚开始时的泡沫分布状态，可以看出在起始的顺直段泡沫的分布基本上是对称的，随后在第一个弯心前，大部分泡沫被吸附在凸岸的上游侧，直到弯心以后泡沫粒逐渐向凹岸聚集。从图5.23（b）可以看出过了弯心后泡沫粒依然顺着右岸分布并在第二个弯心前向左迁移，随后又在出水口前回到右岸进入下游集水池。图 5.23（c）为抽象的流线分布图，可以看出主流流线在河道中依然成 S 形分布。与 2.2 曲度试验时略有不同的是，在 1.8 曲度试验下，河流弯段的凸岸弯心处和下游侧不是严格的没有泡沫粒出现，而是存在着少量泡沫，在试验的后期甚至也可以连接成细线，这说明在曲度稍低的情况下凸岸弯心和下游侧出现"低压力区"的现象不如高曲度时明显，凸岸上下游的水压差更小，再加上该组试验凸岸"脖子"区的长度更长，所以相比 2.2 曲度试验时，1.8 曲度试验的纵向潜流交换能力应该更弱，这从两组曲度的污染物浓度变化对比中也可以看出。

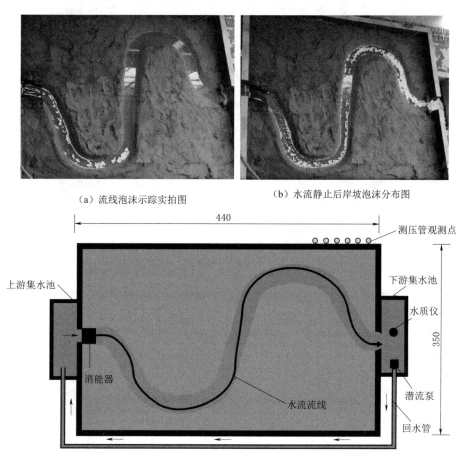

（a）流线泡沫示踪实拍图　　　　　　　（b）水流静止后岸坡泡沫分布图

（c）流线抽象图

图 5.23　曲度 1.8 试验上覆水流线分布图（单位：cm）

5.2.1.3　曲度为 1.4 时上覆水流线分析

曲度 1.4 组的流线分布曲线也呈大体的 S 形，从泡沫实景分布图［见图 5.24（a）］可以看出，与前几组试验不同，泡沫粒进入河道后并没有紧贴河道左岸，而是在河道的中轴线附近前进。随着曲度的减小，在入水口后河道并没有急剧向右岸弯曲，而是非常缓和地向右偏移，导致流线的形态更接近顺直河道的状态。但随着河流逐渐入弯，泡沫粒如同前几组试验一样在右岸凹岸聚集并延伸到第二个弯段的上游侧，在第二个弯段的中心点流

71

线稍偏向左岸凹岸，幅度没有第一个弯段明显，随后又返回右岸并入下游集水池。流线抽象图如图 5.24（b）所示。该组试验在第一个弯段凸岸的上下游侧都没有聚集泡沫粒，这表示凸岸上下游的压力差不大，纵向潜流交换动力不强，但在第二个弯段时，凸岸的上游有大量泡沫聚集，而下游没有，体现了一定的潜流交换能力。总体来说，通过对 1.4 曲度组流线位置的观察可以看出，该组的 S 形摆动幅度小于高曲度的两组，有趋近于顺直的趋势。

（a）流线泡沫示踪实拍图

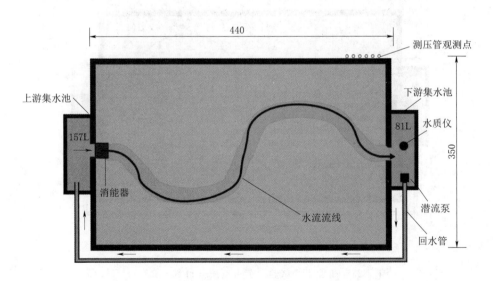

（b）流线抽象图

图 5.24　曲度 1.4 试验上覆水流线分布图（单位：cm）

5.2.1.4　曲度为 1.0 时上覆水流线分析

曲度为 1.0 的顺直组试验流线形态较为单一，泡沫粒在入池后沿河道中心线向下运动，在岸坡边缘残留很少，在下游段有从细线性流线扩散成较宽流线的趋势，总体流线形态均匀，未对岸坡形成明显冲刷，如图 5.25 所示。

（a）流线泡沫示踪实拍图

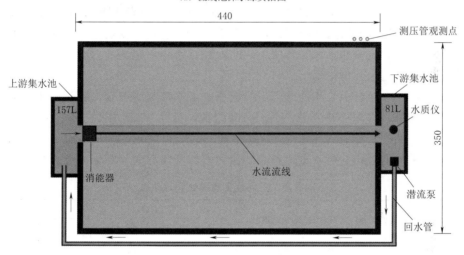

（b）流线抽象图

图 5.25 顺直河道试验上覆水水流线分布图（单位：cm）

在四组流态试验后可以看出，河流曲度的高低对河流主流流线的形态有着显著影响。在顺直河道中由于河道通畅未对来水产生任何纵向阻挡，使得水流可以顺畅无阻碍地从上游集水池通过主池河道进入下游集水池。期间水体与岸坡的冲击很少，也没有在局部产生任何回水和涡旋，整个过程十分通畅。这就造成了河流与主池基质的物质交换较少，水池内的上覆水与孔隙水难以有效融合和交换。一方面导致以稀释和吸附为主的物理作用进行不完全，另一方面也难以达到各类微生物反应的理想作用环境。如不能充分曝气、池内浓度不均导致有些区域污染水浓度过高有些区域过低，不在最优反应浓度内等，综合导致顺直河道对污染水的自净能力较弱。

当河道变得弯曲时，河水的主流流线开始在河道中来回摆动。摆动带来的是对河岸的冲击，冲击一方面会在上覆水中产生涡旋、回水增加河水的曝气、提高溶解氧的含量，另一方面冲击带来的水压使得上覆水更容易进入孔隙中，且在基质中的蔓延范围更广。相比于顺直河道，这就意味着上覆水可以占用更大体积的基质空间，其进行物理化学作用的"容器"更大，在单位体积净化效率相同的情况下，更大的作用体积带来更强的自净效果。

随着河流曲度的提高，河流流线表现出对凸岸上游、弯心凹岸处的冲击，以及在凸岸下游出现的低压力区现象愈加明显。凸岸的上下游压力差会在凸岸基质内形成潜流，基质内由于水沙融合得较为密实，导致基质内的溶解氧含量是相对较低的。且试验开始时加注含有的葡萄糖的溶液在基质内更易存留，导致系统的基质内相对于上覆水是一个低氧高碳的环境，这种环境有利于硝氮的反硝化反应。

5.2.2　河流曲度对上覆水流速和水深的影响

水质试验开始时系统内添加的总水量和四组物理模型试验设定的运行流量都是相同的，这样可以保证在 52h 的水质试验中，各组试验系统内的污染物数量以及通过主池的水量相同。这与实际河流规划中面临的问题是一样的，在面对一条或是需要裁弯取直或是需要恢复曲度的待规划河道时，上游来水的平均流量和水质在规划前后是不会有较大区别的。由于试验的流量以及河道底宽和岸坡坡率都相同，流量＝流速×断面面积，所以在四组试验中河道水流的流速和水深是有所不同的，针对这些不同本节对各组试验的流速和水深情况做了测量、记录和讨论。

模拟河道的左右岸与中心线和凹凸岸的流速、水深都有所差别，在试验中针对这些位置分别进行了测量。水深按照河道中心线高度测量，每隔 30cm 测量一次。流速在河道中心线以下水深一半处测量，同样每隔 50cm 测量一次，每次测量读数三组，每组试验取测量结果的算术平均值对比分析，最终各组试验的平均流速和水深结果见表 5.9。

表 5.9　　　　　　　　　不同曲度试验河道平均流速和水深值

河流曲度	1.0	1.4	1.8	2.2
平均流速/(m/s)	0.041	0.036	0.032	0.029
平均水深/m	0.032	0.036	0.039	0.042

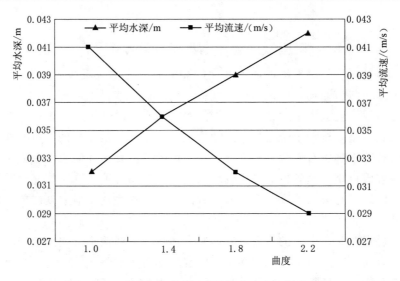

图 5.26　不同曲度试验河道平均流速和水深变化图

从图 5.26 可以看出，随着河流曲度的增加，河流的平均流速相应降低、平均水深相应升高。这是由于高曲度河道的弯曲结构对水流会产生阻滞作用，较大的水头损失使得流速变缓、水位涌高。而顺直河道水流顺直流下，全程没有阻挡，所以流速较大、水位降低。降低的流速可以带来更好的氮磷沉降环境、在自然环境中也减少对底泥的冲击从而减少底泥中的污染物重新进入上覆水。上覆水水位的升高也使得孔隙水水位有所升高，增加了水体与基质的接触面积，有利于提高污染水的物理和生化作用。上表给出的是平均流速和水深，在试验过程发现弯曲河流凹岸的水位高于凸岸，而流速低于凸岸，且曲度越高该现象越明显。值得注意的是在高曲度试验（曲度 2.2）中虽然平均流速较小，但有些部位的瞬时流速可高达 0.09～0.1m/s，这些地方主要位于河道弯曲较大的部位，是一些紊流区，流速和流态条件复杂。

5.2.3 河流曲度对孔隙水压力的影响

主池的下半段为孔隙水压力观测区，该区域在试验过程中由于不进行挖孔、采样等作业所以其基质没有受到人为干扰，但由于在 52h 水质试验过程中的流量、流速、水深都较小，在运行过程中实际测压管水头观测时常出现液面不稳定、各管水头差别较大（超出合理范围）等状况，在经过人工排气、加大试验流量（10 倍于水质试验运行流量）等措施后可以观测到一些各测压管差别化的现象并得到以下定性结论：

（1）高曲度试验组的孔隙水水位高于低曲度试验组，这主要是由上覆水水位所决定的，上覆水在水深测量中即表现出高曲度水位高，低曲度水位低的特征，这一特征延续到了孔隙水内。

（2）在调大试验流量后三个弯曲组试验中，凸岸上游侧的孔隙水头总体大于下游侧，且在高曲度组的水头差更大，这直接验证了纵向潜流交换在弯曲河道中的存在，且较高曲度河道的纵向潜流交换动力更强。

（3）在顺直河道组的水头观测中，待系统运行稳定后离河岸较远的各测压管水头间的差别很小，这说明河道在运行稳定后远离岸坡基质内各点的水头压力趋同，河流的侧向潜流交换动力不足，上覆水难以形成进出基质的孔隙水流动路径。

5.3 本章小结

本章通过物理模型试验研究了在试验室条件下，不同曲度河流（曲度 1.0、1.4、1.8、2.2）中氮素的削减过程以及其在基质中的时空分布规律，同时对水质试验结束时的上覆水微生物量进行了分析，此外开展了对不同曲度河流的流速、水深、流态和孔隙水压力观测结果的讨论，主要结论如下：

（1）通过四组不同曲度的弯曲河道水质试验发现，在 52h 的试验时间内，上覆水总氮、氨氮和硝氮的浓度削减率与曲度呈明显的正相关性，河流曲度越大上覆水中的上述氮素削减越快、最终削减率越高，而有机氮的削减未体现出与曲度明显相关。

（2）在水质试验中，通过对不同曲度模拟河道基质内总氮的时空分布规律的探索发现，在顺直河段中，靠近河岸的基质内污染物浓度绝对值与浓度变化趋势与上覆水浓度非常相关，而在远离河道的基质内，孔隙水总氮浓度变化明显滞后于上覆水。

（3）通过对凹凸岸的孔隙水总氮检测结果对比分析发现，弯段的凹岸相比于凸岸更易聚集污染物。而在污染物浓度平稳并下降的过程中，由于凹岸处的水流流态更加复杂，其污染物下降速率较凸岸也更快，最终两岸会到达相近的污染物水平。通过弯曲段凸岸上下游孔隙水浓度的对比分析发现，当有污染水进入河流系统时，弯段凸岸上游基质内的污染物浓度较下游基质会首先升高，但随着时间的推移这种差别也会逐渐缩减。

（4）通过对 52h 水质试验后的上覆水微生物总群落数检测发现，上覆水中的微生物量与河流曲度呈现明显的正相关性，曲度越大上覆水中的微生物种群数越多。

（5）通过流态试验发现，曲度越大水流流线在河道中呈 S 形摆动的幅度越大，水流更加紊乱、对岸坡的冲击越大，且高弯曲河流较低曲度河流的流速更小、水深更深。

（6）通过对基质孔隙水压力的测试发现，高曲度试验组的孔隙水水位高于低曲度试验组；凸岸上游侧的孔隙水头总体大于下游侧，且在高曲度组的水头差更大；顺直河道组待系统运行稳定后离河岸较远的各测压管水头间的差别很小。

第6章 弯曲河流对水体自净能力的作用机理分析

在以上章节中，通过对十五里河不同弯曲段的野外实测和分析，发现河流水质与河流曲度之间存在着正相关性。随即以氮素为代表进行了更深入的室内物理模型试验，验证了野外监测的结果，并开展了基质污染物分布监测、微生物总群落数检测以及相关水力学试验。本章根据试验的结果，分析、总结弯曲河流影响水体自净能力的作用机理。

在野外监测和室内试验中，通过对不同曲度试验组的观察和检测发现，曲度较高的河道在上覆水流态、上覆水流速、孔隙水潜流交换强度、河流流径长度、微生物的生存数量、溶解氧的浓度等方面与低曲度和顺直河道组有较大的区别，河流污染物自净能力的差别就蕴藏在这些区别中。以下就分别从这几个方面分析和阐述河流弯曲形态对水体自净能力的影响机理。

6.1 弯曲河流上覆水流态变化对自净能力的影响

根据水力学理论，水流的流动形态分为层流和紊流。层流型流态时，各流层水流质点互不混掺，做有序线状运动。紊流型流态时，各流层水流质点形成涡流、彼此混掺，做无序紊乱运动。水流流态受流速、边界条件和水体黏滞特性等因素的影响，在弯曲河道中水流质点进入弯道后做曲线运动。由于岸线的不断改变，进入弯道的水流质点受重力和离心惯性力共同作用，呈现凹岸水位高于凸岸水位的现象，实验室物理模型试验也证明了这一点。河流曲度越大、弯道曲率半径越小，离心惯性力越大、横向水面高差越大。水流在弯道内除纵向流速外，在横断面上还存在表层指向凹岸、底层指向凸岸的环形流动，即断面环流。在纵向流速和断面环流的共同作用下，形成弯道螺旋流，增加流态的紊乱程度[144]。

在十五里河的野外采样过程中，可以观测到河水在弯曲河段中的流态是随着河道的弯曲而发生变化的，在弯曲处可以明显观察到有若干小的涡旋存在。通过对十五里河不同曲度河段的单位长度溶解氧增长率-R（DO）检测，得到以下数据：在夏季，河流曲度为1.57时-R（DO）为2.03，曲度为1.23时为0.43，曲度为1.00时为-0.52；在秋季，河流曲度为1.84时-R（DO）为0.39，曲度为1.22时为0.08，在曲度为1.00时为-0.02；在冬季，河流曲度为1.84时-R（DO）为0.38，曲度为1.22时为-0.24，曲度为1.00时为-0.38；在春季，河流曲度为1.84时-R（DO）为0.48，曲度为1.22时为-0.04，曲度为1.00时为-0.03。从以上检测数据可以看出，在不同季节都普遍存在，曲度越高的河段的单位长度溶解氧增长率越大，详见本书第 4 章。

在物理模型试验中，通过释放塑料泡沫指示颗粒的方法，追踪了河流主流流线的运动状态（本书第 5.2.1 节），对比了曲度 1.0、1.4、1.8、2.2 四组试验河道的流态差别和基质冲刷情况，得出了以下结论：

（1）曲度越大水流流线在河道中呈 S 形摆动的幅度越大，由此带来的对河岸的冲击越大；顺直河道的流线越顺直，对河岸的冲击越弱（图 5.23～图 5.25）。

（2）在河道的弯曲处，水流的流态趋于紊乱并出现小的回水和涡旋现象，且在更高的曲度下这种现象会更加显著。

（3）曲度越大水流对岸坡基质的冲刷越大，特别是在弯段凸岸的上游段和凹岸侧冲刷明显（图 5.22）。

通过上述水力学原理、自然河流监测和实验室试验分析结果，可以得出弯曲河流上覆水流态变化对自净能力的影响因素主要包括以下几点：

（1）弯曲河道内的水流更加紊乱，紊流增加了河水的曝气使河水的溶解氧含量提高。Hsueh[142]、Coban[145] 等的研究都表明，更高的溶解氧含量对氮素的氨化、硝化反应、COD 的削减、部分有机磷加速转化为闭蓄态的磷酸盐都有着促进作用，直接加速水体对各类污染物的自净能力。通过微生物监测发现，高曲度河流带来的高溶解氧含量，有利于自然河流中的各类有益微生物的繁殖。在实验室试验中，曲度为 2.2 的河道水质试验末，微生物含量是曲度为 1.0 时的 3.32 倍。也有大量研究表明溶解氧提高有利于水生植物和水生动物的生存和繁衍[15]，创造更好的生物生境，从而进一步提高河流的水质和综合环境。

（2）通过室内的基质污染物监测结果以及河道冲刷试验结果可以看出，弯曲河流对河岸岸坡的冲击较大。冲击力使得上覆水更多地进入基质内，从而更好地利用河岸土壤的拦截吸附作用、基质中的微生物净化作用。Gerke et al.[74] 发现岸坡植物的吸附与吸收是污染物去除的关键因素，在自然河流中，更多上覆水进入基质，可以更好地利用岸坡植物根系的去除能力。通过对弯曲段凹凸岸水质检测结果的对比分析可以看出，受水流冲击强烈的凹岸，基质内污染物的上升和下降速率、幅度都高于凸岸（见本书第 5.1.2 节），说明弯曲段的凹岸具有更高效的水体自净能力。此外弯曲导致的流态变化，对河流更深层次的潜流交换现象的改变也起着至关重要的作用，该内容将在后文中重点讨论。

所以，在弯曲河流中，水流的流态变化是弯曲河流区别于顺直河流最重要的特征，也是提高自净能力最重要的因素之一。弯曲河流河水内部及河水与河岸的冲击更剧烈，使得溶解氧含量升高、上覆水进入基质，从而提高河流自净能力。值得注意的是，高曲度在局部带来的强紊流，可能会引起沉积物中积累的污染物，尤其是磷素的释放。但这种现象的影响与总体带来的收益而言相对较小。

6.2　弯曲河流上覆水流速和水深变化对自净能力的影响

在物理模型试验的水质试验中，不同曲度的模拟河道采用的是相同的运行流量。通过监测发现，当河流曲度为 1.0 时，平均流速为 0.041 m/s，平均水深为 0.032m；当河流曲度为 1.4 时，平均流速为 0.036 m/s，平均水深为 0.036m；当河流曲度为 1.8 时，平均流速为 0.032m/s，平均水深为 0.039m；当河流曲度为 2.2 时，平均流速为 0.029m/s，平均水深为 0.042m。河流曲度为 2.2 时比 1.0 时，平均流速降低了 0.012m/s，平均水深增加了 0.01m。通过以上数据可以看出随着河流曲度的增加，河流的平均流速相应降低、平均水深相应升高。这主要是因为，高曲度河道的弯曲结构对水流会产生阻滞作用，而顺直河道对水流的阻滞较小，流速较大、水位较低（见本书第 5.2.2 节）。

根据过往研究，以磷为主的多种污染物依靠沉降进入沉积物中[146]。以磷为例，磷素在河流中常存在两种天然状态，即可溶态与颗粒态。可溶态磷包括可溶活性态磷以及少量的可溶非活性态磷，通常以溶解物的形式存在于上覆水和孔隙水中。而颗粒态磷才是河湖系统磷的主要存在形态，其以矿物相或与泥沙表面微生物相结合的形态存在于粒径大于 0.45μm 的颗粒上。基质中的泥沙颗粒通过持续的吸附、解吸附过程来平衡污染物在水土中的状态，最终影响污染物在基质内的时空分布特征。泥沙与污染物在固—液界面发生复杂的物理化学和生物作用从而产生吸附作用，其实质是污染物在水、沙两相间的分配和平衡的过程。水沙的运动条件、水质特性，以及泥沙颗粒特性是影响污染物迁移转化最重要的因素，在泥沙形态和水质特性都相同的情况时，以流速为最重要因素的水沙运动条件就成为了污染物在水相和沙相间转换的决定性因素[82]。

有关流速与水中污染物扩散的关系研究早已有定论。朱红伟等[147]认为，河流流速的增大降低了沉积物界面和水之间的边界层厚度，并因此促进了沉积物中污染物的释放。赵汗青等[148]认为，在低流速条件下，边界层作用会影响污染物在水沙两相间的分配。高流速会促进沉积物中污染物的释放，抑制污染物的沉降。低流速可以创造更好的污染物沉降环境，减少对底泥的冲击，从而减少底泥中的污染物重新进入上覆水，在提高上覆水自净能力的同时，降低上覆水被沉积物二次污染的风险[149]。

另一方面，由于流速降低和上覆水水位的升高，增加了河水与岸坡植物的接触面积，增加了植物茎叶对污染物拦截、净化的作用[150]。升高的上覆水也使得孔隙水水位有所升高。在自然环境中，基质内更高的水位，增加了水体与基质的接触面积，这会带来更大的土壤吸附面积、更多的微生物反应空间。抬高的水位和一定的毛细作用，使得岸坡内地下水，更容易接触到表层密集而根短的草本植物根系，通过根系的拦截和吸收，使得更多的岸坡植物能参与到河流系统内的水质净化中来[151]。

所以，弯曲河流的阻水作用也是提高自净能力的重要因素之一。其造成了河水流速的降低，促进了污染物沉降，降低了沉积物二次污染风险。同时提高的水深，增强了岸坡土壤、微生物和植物系统对孔隙水水质的净化强度。

6.3 弯曲河流潜流交换对自净能力的影响

广义的潜流交换可以定义为水、溶质、颗粒和胶体在河道及河道附近的饱和沉积层之间的相互交换[152]。潜流交换按照产生的位置可以分为：侧向潜流交换（上覆水与河岸饱和多孔介质之间发生的交换）、垂向潜流交换（上覆水与河道底沉积物之间发生的交换）以及纵向潜流交换（上覆水与河岸基质沿河流方向发生的交换）。潜流交换使溶质在河流系统中滞留，从而影响着污染物在河流中的迁移，其对河流水环境的改善有着非常重要的影响[140, 153]。潜流带指上覆水与地下水双向迁移和混合的区域，即潜流交换发生的区域，潜流带的重要特征之一是同时含有河水和孔隙水[154]。

本研究在物理模型试验过程中，对河岸基质不同位置的污染物浓度梯度进行了检测（见本书第 5.1.2 节），对关键位置的孔隙水压力进行了观测分析（见本书第 5.2.3节），得到了不同曲度河流系统的潜流交换特征。分析它们之间的差别，可以得到以下结论：

（1）垂直于河道方向存在侧向潜流交换，且河道侧向潜流交换的强度与基质距河道的距离有相关性。

在 52h 的水质试验中，顺直河段随着基质位置离河道变远，基质中的污染物浓度明显较低。在河流曲度为 1.0 的试验中测得：水质试验开始 4h 后，距河道 30cm 的基质内，总氮的浓度为 28.05mg/L，距河道 150cm 处总氮的浓度为 22.15mg/L；12h 后，距河道 30cm 处总氮的浓度为 27.23mg/L，距河道 150cm 处总氮的浓度为 18.73mg/L；32h 后，距河道 30cm 处总氮的浓度为 19.45mg/L，距河道 150cm 处总氮的浓度为 17.44mg/L；52h 后，距河道 30cm 处总氮的浓度为 19.17mg/L，距河道 150cm 处总氮的浓度为 14.35mg/L。试验数据表明，在试验后的 4～52h，离河道越远，基质内的总氮浓度越小，说明河道侧向的溶质运移能力及潜流交换的强度，与基质距河道的距离有较强的负相关性。

对顺直河道基质孔隙水压力的测试分析可以发现，距河道较远的基质孔隙水压力较小。说明河流的侧向潜流交换动力不足。这是由于在顺直河道中随着离河岸的距离越来越远，推动上覆水深入河岸基质的水头压力逐渐被基质阻滞水流的阻力抵消最终达到平衡。再加上在物理模型试验中系统的边界约束，使孔隙水不能形成侧向的潜流通路，进一步加剧了这种现象。河道中的上覆水在试验后期难以抵达远离河道的基质中。

如图 6.1 所示，在顺直河道试验中，靠近河道两侧、可以进行侧向潜流交换的区域为潜流带，与之相反远离河道、难以与上覆水进行正常潜流交换的区域称为"死水区"，值

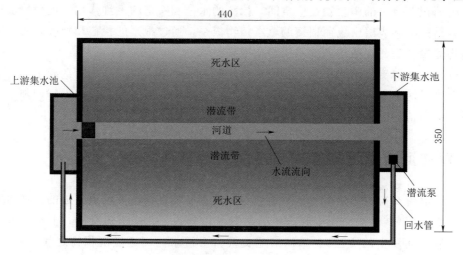

图 6.1　顺直河道潜流带示意图（单位：cm）

得注意的是潜流带与死水区的界限不是一条严格的直线，而是一片平缓的从有到无的过渡区域。此外，物理模型试验中主池边墙的边界限制是产生死水区的原因之一，它阻碍了孔隙水的继续向外扩张，使得结果更加明显，在现实的河道规划过程中，往往也有类似的"边墙"出现，如在城镇化进程中为提高土地利用率，河道规划常采取裁弯取直的方式，新建的顺直河道两侧往往是拔地而起密集的高层住宅、写字楼、工厂等建筑群，这些临近河道的、深厚的建筑基础就犹如一堵堵"边墙"阻碍着河水的侧向潜流；更甚的是新建的河道常采用混凝土等不透水的硬质材料护岸，这相当于直接将"边墙"紧贴河道两侧构筑，封锁住了大部分的潜流交换作用。

（2）弯曲河流在顺水流方向存在纵向潜流交换，使河流自净能力增强。

在孔隙水总氮浓度时空变化规律的监测中，通过弯曲段凸岸上下游基质内的污染物浓度检测得出了如下结果：

在河流曲度为 2.2 的试验中，4h 时弯曲段凸岸上游点⑤的总氮浓度为 27.75mg/L，凸岸下游点⑨的总氮浓度为 25.64mg/L，上下游相差 2.11mg/L；52h 时上游点⑤的总氮浓度为 10.75mg/L，下游点⑨的总氮浓度为 9.87mg/L，上下游相差 0.88mg/L。

在河流曲度为 1.8 的试验中，4h 时弯曲段凸岸上游点⑤的总氮浓度为 27.00mg/L，凸岸下游点⑨的总氮浓度为 24.70mg/L，上下游相差 2.30mg/L；52h 时上游点⑤的总氮浓度为 11.05mg/L，下游点⑨的总氮浓度为 13.20mg/L，上下游相差 −2.15mg/L。

在河流曲度为 1.4 的试验中，4h 时弯曲段凸岸上游点⑤的总氮浓度为 29.65mg/L，凸岸下游点⑨的总氮浓度为 27.95mg/L，上下游相差 1.70mg/L；52h 时上游点⑤的总氮浓度为 14.45mg/L，下游点⑨的总氮浓度为 13.50mg/L，上下游相差 0.95mg/L。

从以上试验数据可以得出，随着时间的推移，弯曲段上下游基质监测点的总氮浓度差在减小，纵向潜流提供的溶质运移作用是浓度差减小的原因之一[90]。

又通过对弯段凸岸内孔隙水压力的测试可以发现，凸岸上游侧的孔隙水头总体大于下游侧，且在高曲度组的水头差更大。从而证明了河流弯曲会产生纵向潜流交换，如图 6.2 的虚线箭头所示，且随着曲度的升高，纵向潜流交换的强度会不断提高。

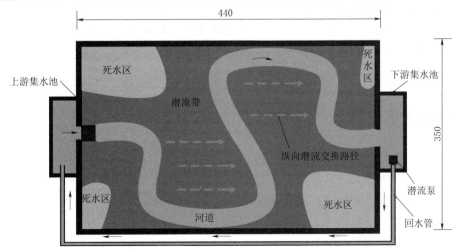

图 6.2 弯曲河道纵向潜流交换及潜流带示意图（单位：cm）

81

通过渗流公式可以解释弯曲河流和顺直河流系统的潜流差异：

$$q = KIA \qquad (6.1)$$

$$I = \frac{\Delta H}{l} = \frac{H_1 - H_2}{l} \qquad (6.2)$$

式中：q 为渗透流量，m^3/s，即单位时间内流过截面积为 A 的流量；K 为渗透系数，m/s；I 为水头梯度，即沿着水流方向单位长度上的水头差；A 为渗流的截面积，m^2；ΔH 为渗流路径 l 的起点与终点间的水头差，m；l 为渗径长度，m；H_1 为渗流起始点的水头高度，m；H_2 为渗流终止点的水头高度，m。

从公式中可以看出在渗透系数相同的情况下，渗流流量正比于水头梯度，即正比于水头差而反比于渗径。曲度较高的河道在弯段凸岸上游侧拥有较高的水位，造成了较高的上游水头，而在凸岸下游侧，由于水流离心力作用造成了较低的下游水头，两者共同提供了较大的凸岸上下游水头差。再加上高曲度弯段的凸岸的上下游距离较小、渗径较短，所以高曲度河道凸岸上下游岸基内的渗流流量较大，即纵向潜流交换量较大。在顺直河道中，侧向潜流交换的强度也直接取决于水头梯度的大小，在计算河道至远离河岸的基质的渗流量时，H_1 变为上覆水水头高度，H_2 为孔隙中某一位置的孔隙水头高度，l 为相应位置到上覆水的距离，根据实测和公式可以看出，离河岸越远测得的孔隙水水头变化越小，即 ΔH 变化越小，而距离 l 在不断增大，导致离河岸越远的基质内孔隙水水力梯度越小、在渗透系数相同的情况下渗流量也就越小。以上推断是在理想状态下建立的，在一定程度上解释了不同河流曲度下渗流量不同的原因，但实际的孔隙水运动过程十分复杂且受多种因素影响，在观察具体问题时仍需具体分析。

此外在弯曲河道系统中，由于纵向潜流交换的存在以及更长的河道长度，其在主池内占有更大的潜流带，在物理模型试验中仅在主池的四个拐角处存在一定的"死水区"（图6.2），总体潜流交换强度大于顺直河道时，使得在水系范围内更多的孔隙水与上覆水发生物质交换，在自然河流条件下由于没有边墙的限制，弯曲河流所拥有的潜流带范围会更大。污染河水从凸岸上游进入基质并从下游返回河道，凸岸中的土壤颗粒、植物根系等共同扮演了类似滤网的作用，拦截了上覆水中的部分污染物[152]。

所以，弯曲的河流形态增加了河流潜流带的面积，并产生了更高效率的纵向潜流交换，增加了河流水系中的物质交换量，使得河道中的污染水在更大的范围内进行更高效地净化，提高了河流的总体自净能力。

6.4　弯曲河流中微生物作用对自净能力的影响

微生物对水中的污染物具有净化作用，已经得到了广泛的认可[155]。在氮素削减试验前，对不同曲度组的模拟河道，人工建立了相同的基质微生物环境。在河道基质相同、微生物含量相同、水温控制相同、试验时间相同、培养基相同、培养时间相同的条件下，经过 52h 的循环水试验，检测了上覆水的微生物数量，并分析了其与河流曲度之间的相关关系。

经统计，河流曲度为 1.0 的试验组，其上覆水微生物浓度为 5×10^5 CFU/mL；曲度

1.4 试验组的上覆水微生物浓度为 8.1×10^5 CFU/mL；曲度 1.8 试验组的上覆水微生物浓度为 1.39×10^6 CFU/mL；曲度 2.2 试验组的上覆水微生物浓度为 1.66×10^6 CFU/mL。

从上述试验数据可以得出，随着河流曲度的增大，上覆水中的微生物浓度逐渐增加，呈明显的正相关关系，其中河流曲度为 2.2 试验组的上覆水中的微生物浓度，比河流曲度为 1.0 试验组的高 3.32 倍。

弯曲河流上覆水中存在更高的微生物数量，其原因主要是由弯曲河流的形态造成的，通过流态和水质试验发现，高曲度河流水系的潜流带区域更大，所以其带来的基质与上覆水间的物质交换量提高，使得更多基质内的微生物进入上覆水中，在自然岸坡土壤中的微生物数量密度比河水中高 6～10 个数量级[156]，所以在自然河流环境下，曲度的提高也会使更多上覆水进入岸坡，并将其中的微生物带入河流。河流上覆水中的污染物浓度较高，且有更高的溶解氧含量，曲度升高带来更多的好氧微生物会在更多氮源、氧气的上覆水环境下快速作用和生长，进一步提升了微生物的数量，从而产生良性循环[157]。

此外，在弯曲河流中会产生纵向潜流交换，使得水体更容易在河道与河岸之间穿梭。河岸基质内的溶解氧含量是相对较低的，且含有多种微生物以及丰富的碳源，导致自然水系基质相对于上覆水是一个低氧高碳的环境，这种环境十分利于硝氮的反硝化反应。在弯曲河流中，含氮污染物在高溶解氧的河道环境中大量进行氨化、硝化等好氧反应；之后通过凸岸的上游进入基质内，快速进行反硝化等厌氧反应；然后穿过凸岸在其下游低压力区又返回河道，继续进行高耗氧的氨化、硝化作用。河水在连续弯曲的河道中如此往复，不断地在好氧环境、低氧富碳环境、好氧环境中循环，使得氮素净化效果大大增强，Dwivedi et al.[158] 和 Dent et al.[154] 通过野外实测等方法也得出了相似的结论，认为岸坡基质内的厌氧环境可以显著提升氮素的反硝化作用效率。

所以，弯曲河流带来的河流形态和流态的改变，提高了水系中上覆水与孔隙水的交互能力，从而将河岸基质内更多的微生物运移至上覆水中，并将更多高浓度污染水运移至基质内，使得水系中污染物、微生物和氧气的融合和配比更加合理，共同促进了河流的自净能力。

6.5 弯曲河流流径长度对自净能力的影响

无论是顺直河道还是弯曲河道，自然河流本身就具有多种自净因素，如蔡晔[64] 认为光照对污染物的分解具有一定的催化作用，Cardenas[93] 认为河流的侧向潜流交换是上覆水污染物运移的主要方式之一，Elósegui et al.[100] 等认为水中悬垂生物的生物量提升使得河流的自净能力得到显著提高，岸坡基质和植物的拦截与吸附作用也是河流重要的自净方式之一[107]。

在较大的空间尺度上，弯曲河流与顺直河道之间除了形态差别外最显著的区别就是其河道长度的不同，同样是连接点 A 与点 B，弯曲河道的长度明显大于顺直河道。以试验模拟河道为例，当河流曲度为 2.2、1.8、1.4 时，弯曲河道的河长分别是顺直河道的 2.2 倍、1.8 倍、1.4 倍。十五里河上下游的直线距离约为 30km，水流流速约 0.2m/s，若按照以上不同曲度标准规划十五里河，弯曲河流要比顺直河流分别长 36km、24km、12km。

把相同体量的水体从十五里河的上游起始点输送至下游巢湖入口处，所经历的时间分别比顺直河道多 50h、33h 和 17h。再加上同等情况下弯曲河流的流速小于顺直河道，更长的距离与更小的流速，使得水流在弯曲河流中停留的时间更长。

增长的流径和停留时间提高了相关自净因素的作用时长。包括本书所述的相关因素，也包括河水接受光照的面积增加、河流岸坡植物数量的增多、接触时间的增长、河水与附着在岸坡基质内的微生物之间的接触面积增大、侧向和垂向潜流交换的面积增大等其他因素。

所以，弯曲河流较顺直河流有更长的河流流径长度以及由此带来的更长的自净因素作用时间，从而使河流总体的自净能力更强。

图 6.3 为经过总结分析得到的河流曲度对河流自净能力的影响机理图，从图中可以看出河流曲度对河流自净能力的影响主要存在于以下几个方面：

（1）随着河流曲度的升高，河流产生的紊流流态增加了河水曝气、提高了溶解氧含量。氧含量更高的水环境促进有益好氧微生物净化相应的污染物。

（2）由于河流弯曲结构的阻水作用，导致弯曲河流的流速降低、水深升高，这些水文特性的改变更利于污染物的沉降，同时增加的水土接触面积更利于污染物的削减。

（3）随着曲度升高、河流弯折，河流系统中的潜流带面积逐渐增大并产生了纵向潜流交换，使得上覆水与孔隙水的物质交换量大幅提高，从而增强了土壤吸附、植物与微生物作用的净化效益。

（4）弯曲河流更长的河流流径长度和更长的水体停留时间，增加了各类基础自净能力的作用面积和作用时间，从而提高了河流总体的自净能力。

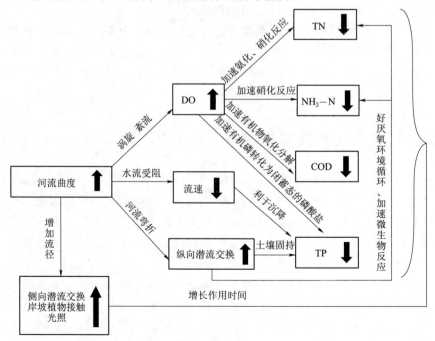

图 6.3　河流曲度对河流自净能力的影响机理图

6.6　本章小结

　　本章综合野外自然河流监测和室内物理模型试验的试验结果，系统地分析、总结了弯曲河流对河流自净能力的影响因素和作用机理。具体因素包括弯曲的河流形态增加了曝气，提高了河水溶解氧含量；弯曲河流的低流速、高水深，加速了污染物的沉降，增加了水土接触面积；弯曲河流系统的潜流带面积大并产生了纵向潜流交换；弯曲河流具有更长的河流流径长度和更长的水体停留时间。这些因素综合导致河流的自净能力更强。

第 7 章　平原地区河流治理规划建议

河流水系是由河流、湖泊、湿地、水洼、水库、沟渠、塘坝等组成的水网系统，河流规划是结合研究区地理、水文、气候等条件，通过工程和非工程措施对河流水系进行治理的规划设计。如今的河流治理规划相比于传统规划所需考虑的因素应更加全面。除了传统的防洪、供水、排涝等问题外，还应涉及水环境、水景观、水文化和水经济等方面，本章将分析平原地区河流的常见问题，提出规划目标，并给出规划建议。

7.1　河流治理面临的主要问题

由于自然和人为因素的影响，河流治理面临着很多的问题，既有防洪、排涝、供水等老问题，也有水污染、水生态等新问题。对于不同地区，不同地理气候条件的河流存在的问题往往又不尽相同。主要有以下问题。

1. 防洪排涝问题

我国地域辽阔，受气象、地理等因素的影响，降雨时空分布不均。在长江中下游地区受季风气候影响，在汛期常有连续集中降雨，大量的雨水聚集形成径流，当径流流量过大时形成洪水，若防洪排涝能力不足就会导致一些地区洪水泛滥，淹没农田、城镇，威胁居民的生命、财产安全。

2. 水体污染问题

随着工业化、城镇化的发展，经济增长，工厂兴建，许多产业的生产过程中都存在废水排放的问题。虽然近些年治理力度有所加强，但有些工厂废水处理不达标直接排入河道的现象依然存在，这就形成很多点源污染。另一方面，工厂排出的烟尘通过雨水回到地面，其中所含的污染物和农业生产中的农药、化肥残留，通过地表径流进入河道，形成了面源污染。当这些污染物数量超过了河湖系统自身的净化能力后就会致使水质变差，水体污染。

3. 水生态破坏问题

随着社会经济的发展，城镇建设、工业、商业、居民生活用地的需求逐步增加，在大量的土地需求面前，人为地改变河道、湖泊、湿地的原有状态。将河流改道、硬质化河岸，甚至填河造地、填湖造地，这些做法侵占了河道，破坏了原有水生态系统。生物多样性趋于单一，生态系统被改变，再加之常年水质的下降使得很多地区的生态系统都显得岌岌可危[159]。

4. 河湖管理问题

河湖管理工作越来越引起各方面的重视，但也还存在一些问题。如河湖保护意识不强、相关法律法规不完善、河湖管理力量薄弱、河流管理经费不足、河流管理工作不到位等。

7.2 河流治理规划的目标

1. 水安全目标

水安全主要指的是规划区防洪排涝的安全性。一直以来水安全都是所有河流治理规划中的首要考虑因素，每一项规划布局都是建立在保证这一区域的水安全的前提下进行的[160]。但是以往的规划往往是简单地增加河道断面、使用混凝土衬砌取代自然水道，将原本蜿蜒曲折的河道裁弯取直等，这些方法的目的都是将来水迅速排至下游，以减少规划区的水量囤积，防止洪水泛滥。但放眼整个流域来看，经过逐级下排的水体会导致下游地区面临的防洪压力逐级增大，造成恶性循环。所以就需要新的更加科学的水安全目标，即在河湖治理规划中充分利用好流域内滞水、蓄水的功能，让湖泊间相互沟通，最大限度地自我削减洪峰，超出河湖承受范围的水体再通过河道下排。这一规划理念与海绵城市的思维相似，利用水系充当"海绵"尽量多的在洪水来临时吸收水分，在保证本区域的防洪安全的同时为下游调蓄洪水，当洪水退去时再缓慢地释放[161-162]。

实现这一目标的具体措施主要有保证河道过水断面，保证足够的区域水面率，加强防洪调度，增加水系连通性等方法。

2. 水环境目标

水环境主要指的是水系本身及其周边的各类物质和非物质因素，包括自然因素，社会因素等。水环境的首要目标是防止水污染；进而要使得水体清澈干净、水质良好、环境优美、适宜人类居住[163]。减少对水体的污染排放是实现水环境目标的重要手段。对于湖泊聚集区，湖泊间连通性的增加将强化水体的自净能力。水环境的状况是水生态的重要基础，当水环境目标实现，水体干净无污染时，配合适宜的生态措施，生物多样性、生物种群数量也将逐步增加，水生态系统将得到修复[164]。

3. 水景观目标

水景观指的是由自然水系、水利工程和一些景观建筑物组成的以水为主题的景点。随着河湖的治理和人民生活水平的提高，人们对水的需求也在提高，越来越多地关注到水本身带来的各类效益，水的景观效益就是其中之一。所以对于河流治理局部具体规划应当考虑水景观目标。水景观的建设是建立在水安全和水环境基础上的，水景观的目标是结合当地已有的河流、湖泊等水系要素建设适宜居民观赏、游玩的亲水景观，景观的建设要体现当地的特色，符合当地居民的审美，切忌生拉硬凑[165]。水景观的建设将推动水文化旅游的发展，从而可以促进水文化和水经济目标的实现[166]。

4. 水文化目标

水是生命之源，人类自古择水而居，水伴随着人类发展和文明，也积淀厚重的水文化。水文化指的是在人与水长期的相处过程中产生的文化。水文化包含了各种水元素的发展和演变、居民的用水习俗、治水之道、水上运动、以水为题材的文学艺术作品和传说、风水文化、涉水风俗活动等。所以在河流治理规划中也应当体现和弘扬优秀的水文化。水文化的建设目标是要保护、继承已有的水文化，又要挖掘、延续、创造新的水文化。

5. 水经济目标

水经济指的是与水相关的能够产生价值的盈利方式。传统的水经济多依靠防洪、供水、航运、水产等带来经济收益。新形势下的水经济目标要在传统水经济模式的基础上结合"互联网＋"等先进的发展理念，融合水环境、水景观和水文化的目标，产生符合发展趋势和潮流的绿色水经济模式。如通过水环境的改善带来更加令人向往的宜居地，从而使得附近土地价格的提升；又如大力开发水文化旅游资源，并利用互联网和自媒体的宣传，将当地精致美丽的水景观和富有底蕴的水文化广而告之，可以吸引游客拉动旅游消费等。这既扩大了水经济发展的范围，又不会造成自然环境的污染，是最为绿色的经济发展模式。

7.3 河流治理规划的设计原则

在传统规划的理念上加入低影响开发的思路，在保证安全的前提下尽量减少对原有自然河流系统的扰动。以下为一些具体的规划设计原则。

1. 综合效益最优

在河流治理规划中，应全方位的考虑各个规划目标[167]。如在增强河湖系统连通性的同时尊重其自然性和多样性；在修复河湖水系防洪排涝功能、保证水质的同时，兼顾其在景观、旅游、文化及经济上的效益；在保证安全的同时赋予河湖更多的其他价值。要考虑达到某些目标对其他目标的负面影响，一项工程的规划设计争取满足尽量多的规划目标，以实现综合效益的最大化。从而编制环保、经济、高效的规划方案。

2. 低工程量

所有的河流规划设计的实施，落实在实际中一般都需要一定数量的土方工程或混凝土工程，这些工程在施工的过程中会带来各种问题，如工程前期的拆迁问题、建设过程中带来的空气、水体以及噪声的污染问题，与周边居民关系的协调问题等。所以在规划设计的阶段就要考虑在符合安全和设计标准的前提下，尽量减少土方工程、减少新开河道、减少征地拆迁，尽量利用原有的河道和工程，从而减少工程施工中可能产生的各种冲突、减少各类污染、减少工程的投资。

3. 因地制宜与原有规划衔接

如今在我国各地城乡建设中各个行业、各个层级、各个阶段都制定了不同规划，由于出发点的不同，各类规划之间往往会出现一些冲突或制约。在规划中，应考虑现有的河流状态，并参考已经制定的规划方案，因地制宜的做出规划设计。在河流规划编制过程中，应与现有的城市总体规划、美好乡村规划、防洪除涝规划、道路交通规划、土地利用规划、经济发展规划等有机地结合起来，综合考虑、统筹兼顾、因势利导、相互协调。如设计水网与路网相随的格局，这样可以最大限度地减少对土地的割据，留出较为完整的土地以供开发，从而最大限度地利用土地，使得空间利用效率最大化；同时河路相随，河岸也成为道路的景观带，成为易于人们欣赏的滨水景观带，在节省投资、减少占地的同时又美化了环境。

4. 尊重自然河流形态

平原地区通常人口众多水系发达，且经济发展和城镇化水平较高[168]，同时工农业污水排放问题较为严重[169]。加上近年来，在快速城镇化过程中片面强调提高土地利用率和河道行洪。盲目填占河道、裁弯取直、岸坡硬化、用管道或暗河代替河网水系、随网格化的路网重新挖填河道等现象时有发生。与水争地、"破坏性"建设[170]，导致了以水质恶化为诱因的生物群落多样性降低。一系列环境问题，影响河流生态系统的健康和稳定[171-172]。在城镇化河道治理规划中的裁弯取直现象最为常见，弯曲河流逐渐消失、河道顺直化现象逐渐加重[173-175]。

事实上河流形态影响的不只是河流系统的自净能力。随着河流曲度的提高，增加的河道容水能力可以增强河流对涝水的容纳。上游的滞蓄也可以一定程度减轻下游的洪水压力[176-177]。此外，河流形态多样性产生的浅滩、深沟、水流强弱变化等因素有利于提高生境的多样性，更丰富的生物栖息地类型，有利于包括动物、植物与微生物在内的生物多样性的提高，改善整体的水生态环境[178-179]。即：河流形态的多样性，带来生境的多样性，从而带来生物的多样性以及功能的多样性。同时，相比于枯燥的衬砌顺直河道，在城市或乡村中蜿蜒穿梭的自然弯曲河流，对城乡的水景观建设也有着重要的帮助[180]。弯曲河道可以作为城镇人民向往的依水而居、与水亲近、休闲生活的载体。

所以在当前新型城镇化建设和国家生态文明建设背景下，针对城市周边的河流做治理规划时，必须充分考虑以曲度为代表的河流形态对区域环境的影响，不能一味地为了提高土地利用率、方便路网铺设而大幅裁减河流，在理想的情况下应尽可能保留河道原始的自然弯曲形态，给予自然河道以生存空间，否则掩埋河流、提高土地利用率而产生的经济效益终将会被环境污染、生态破坏、洪水泛滥等负效益所抵消掉，可谓得不偿失。

但河流规划区往往涉及复杂的水系和众多的河流湖泊，随着城镇化发展和乡村的建设不可能不扰动原有水系、地貌，特别是在城镇化对土地利用率需求旺盛的背景下。所以，在这些繁杂的河流规划中应当遵循一些规律和规划方法。如在水系规划中尽可能利用原有河道，在确定河道走向时采用"随弯就弯"的原则[181]，即河道的整体走向是直通某一方向的，但河道的形态可以出现不同幅度的弯曲，已有的弯曲河道就随它的弯曲而弯曲，尽量减少对其自然状态的扰动[182]，遵循低影响开发，尊重现有河流水系，以保持当地生态环境的完整[183]，同时减少工程投资。

7.4 本章小结

本章针对河流存在的防洪排涝能力不足、水体污染、水生态破坏等问题，提出了在河流规划中应实现包括水安全、水环境、水景观、水文化和水经济在内的建设目标。同时提出了综合效益最优、低工程量、因地制宜与原有规划衔接、尊重自然河流形态的水系规划设计原则。

第8章 研究结论

本研究着眼于平原地区的自然河流，采用野外监测和室内物理模型试验的方法，探究河流曲度与自净能力之间的相关关系，据此初步分析了弯曲河流对水体自净能力的影响机理，并对城镇化建设过程中河流水系治理规划提出了建议。主要的结论如下：

（1）在春、夏、秋、冬四个不同季节，分别对十五里河曲度在 1.00～1.84 的弯曲河段进行了水质监测，分析了单一河流不同弯曲段五类水质指标的单位长度浓度变化率，并得出了以下结论：①河流曲度与河流溶解氧的增长率以及总氮、氨氮、总磷的削减率之间存在正相关性，在环境条件相同的情况下，曲度较低的河段对污染物的净化能力较弱，而曲度较高的河段其自净能力明显更强；②通过对十五里河下游段污染物浓度绝对值的对比可以发现，溶解氧含量在夏季明显低于其他季节；各类污染物浓度的绝对值在夏季高温情况下及冬季低温情况下的含量较大，而在春秋季气温适宜时含量较小；③在对各水质指标削减率趋势线正负转折点的观察中发现，河流曲度在 1.42 以上时，河流的氮磷污染物浓度呈削减状态，溶解氧浓度呈增长状态，因此，研究区域河流的曲度应至少高于 1.42 才能保证其处于自净状态。

（2）建立了河流曲度分别为 1.0、1.4、1.8 和 2.2 的四组沙质循环水河道模型。通过上覆水污染物浓度监测、孔隙水总氮时空分布规律监测、上覆水微生物群落数检测等方法，研究了不同曲度河道的氮素削减过程。结果表明，在实验室条件下，河流曲度与总氮、氨氮、硝氮的净化能力之间存在明显的正相关性，52h 试验后河流曲度 2.2 时的总氮削减量分别是河流曲度为 1.8 时的 1.09 倍、河流曲度为 1.4 时的 1.20 倍以及河流曲度为 1.0 时的 1.75 倍。

（3）弯曲河道的流线在河道内趋于 S 形、水流更加紊乱，紊流增加了河水的曝气使河水的溶解氧含量提高，更高的溶解氧含量直接加速水体对各类污染物的自净能力，同时更高的溶解氧含量有利于自然河流中的各类有益微生物、水生植物和水生动物的生存和繁衍，创造更好的生物生境从而进一步提高河流的水质和综合环境。此外，高弯曲河道对河岸岸坡的冲击较大，冲击力使得上覆水更多地进入基质内从而更好地利用河岸土壤的拦截吸附作用、基质中的微生物净化作用以及岸坡植物根系的吸附与吸收能力。

（4）随着河流曲度的增加，由于弯曲结构对水流产生的阻滞作用，河流的平均流速相应降低、平均水深相应升高，河流曲度为 2.2 时比河流曲度为 1.0 时，平均流速降低了 0.012 m/s，平均水深增加了 0.01m。低流速可以带来更好的污染物沉降环境、减少对底泥的冲击从而减少底泥中的污染物重新进入上覆水，在提高上覆水自净能力的同时降低上覆水被沉积物二次污染的风险。另一方面，上覆水和孔隙水水位的升高，增加了水体与基质的接触面积，带来更大的土壤吸附面积、更多的微生物反应空间。在这些因素的共同作用下增加了河流的自净能力。

（5）在顺直河道中随着基质位置离河岸的距离越来越远，推动上覆水深入河岸基质的水头压力逐渐被基质阻挡水流的阻力抵消最终达到平衡，使得顺直河系的侧向潜流交换强度与基质距河道的距离成反比，且其潜流带范围也相对较小。弯曲河流会产生纵向潜流交换，且随着曲度的升高纵向潜流交换的强度会不断提高，由于纵向潜流交换的存在，弯曲河系占有更大的潜流带面积，总体潜流交换强度大于顺直河道时，使得在水系范围内更多的孔隙水与上覆水发生物质交换，污染河水在河岸基质的土壤颗粒、植物根系等共同拦截作用下，消除了上覆水中的部分污染物。

（6）上覆水中微生物的含量与河流曲度呈明显的正相关性，在水质试验末，河流曲度为 2.2 的河道上覆水微生物种群数是河流曲度为 1.0 时的 3.32 倍。在弯曲河流中，更大的潜流带面积和更强的潜流交换量，使得基质内更多的微生物进入上覆水，并在富含氮源、氧气的上覆水环境下快速作用和生长。此外弯曲河流中产生的纵向潜流交换，使得污染水在高氧含量的河道与低氧富碳的河岸之间穿梭，不断地循环在好厌氧环境中，使得弯曲河流对氮素等污染物的净化效果增强。

（7）在较大的空间尺度上，弯曲河流较顺直河流有更长的河流流径长度，且同等情况下弯曲河流的流速小于顺直河道，更长的距离与更小的流速使得水体在弯曲河流水系中的停留时间更长，增长的流径和停留时间提高了各类自净因素的作用空间和时长，使得河流总体的自净能力进一步提高。

（8）在当前的新型城镇化和国家生态文明建设背景下，针对城市周边的河流规划时必须充分考虑以曲度为代表的河流形态对区域环境的影响，不能一味地为了提高土地利用率、方便路网铺设而大幅裁减河流，应尽可能保留河道原始的自然弯曲形态，尽最大可能保护、尊重现有河流水系、遵循"低影响开发"原则将开发建设的影响降到最低，给自然河道以生存空间。否则填埋河流、提高土地利用率而产生的经济效益终将会被环境污染、生态破坏、洪水泛滥等负效益所抵消掉。

本研究比以往研究有所创新，主要体现在以下几个方面：

（1）通过对十五里河下游段的五类指标水质检测，发现在自然条件下，河流曲度与氮磷污染物浓度削减率之间存在正相关关系，河流曲度越高自净能力越强。与已有的研究相比，本研究监测的河流曲度更广、河段数量更多、时间跨度更长、监测指标更全。共涉及河流曲度在 1.00～1.84 之间的 8 个不同的弯曲段，历时四个不同的季节，且针对的是单一自然河流、不同弯曲段之间的自净能力差异，排除了其他干扰因素。得出的河流曲度与其自净能力的关系更加有现实支撑、更加可信。

（2）建立了河流曲度位于 1.0～2.2 之间的四条模拟河道模型，通过上覆水污染物浓度监测、孔隙水总氮时空分布规律监测、上覆水微生物群落数检测等方法，研究了不同曲度河道的氮素削减过程，在实验室条件下验证了河流曲度与其自净能力之间的正相关性。

（3）揭示了河流曲度对自净能力的影响机理。弯曲河流具有更复杂的水流形态、更紊乱的水力条件、更高的溶解氧含量、更大的潜流带面积、更好的微生物环境、更长的河流流径，使得其拥有更强的自净能力。该结论以及针对相关问题的综合机理分析在以往研究中未曾出现。

由于问题的复杂性、时间的因素、研究条件的限制等原因，本书依然存在着一些不足之处，需要在今后的研究中进一步展开和完善。

（1）由于多种因素的限制，本研究仅对十五里河一条河流展开了为期一年的野外调查监测研究。在今后的进一步研究中，需要继续选取平原地区不同尺度不同形态规模的河流进行监测分析。

（2）本研究的室内物理模型试验由于场地限制，弯曲河流的孔隙水和污染物运移受到边墙的限制，有可能会对污染物的完整运移过程产生影响，也难以布设曲度更大的模拟河道。且水质试验的时间相对较短，可以进一步增长试验时间。室内物理模型试验的污染物种类可以继续扩展。如，可以分析 COD、重金属物与河流曲度的相关性和作用机理。在资金允许的情况下，试验可以通过引入恒温装置、高通量测序等更为先进的试验和检测手段，减小试验误差。并进一步针对弯曲河流的水动力学机理进行深入分析。

（3）在研究课题开展之前，曾预测河流曲度与 COD 的浓度变化之间可能会存在一定的相关性。然而在野外实测结果显示，河流曲度与 COD 的削减率之间没有体现出应有的显著相关性。由于有机物是导致河流富营养化的关键指标之一，所以今后的研究中，要进一步创新试验方法，对 COD 与河流形态的关系进行重点研究。

（4）河流弯曲导致流径增长，可能对排洪产生影响，后续可针对河流曲度对行洪能力的影响进行评价，并可以尝试在物理模型试验的基础上增加数值模拟分析，以进一步说明河流曲度因素在水体自净的影响因素中占据的比重大小。

参　考　文　献

［1］　Cahill T L. Low Impact Development and Sustainable Stormwater Management ［M］. INC：A JOHN WILEY & SONS，2012：133－151.

［2］　Bach P M，McCarthy D T，Deletic A. Redefining the Stormwater First Flush Phenomenon ［J］. Water Research，2010，44（8）：2487－2498.

［3］　汪广丰. 秦淮河水质恶化的对策思考 ［J］. 城乡建设，2017（11）：52－54.

［4］　Passalacqua P. The Delta Connectome：A Network－Based Framework for Studying Connectivity in River Deltas ［J］. Geomorphology，2017，277：50－62.

［5］　Deng X，Xu Y，Han L，et al. Impacts of Urbanization on River Systems in the Taihu Region，China ［J］. Water，2015，7（4）：1340－1358.

［6］　阳辉. 潇河流域河道生态保护与修复技术集成 ［D］. 山西：太原理工大学，2014.

［7］　胡和兵. 城市化背景下流域土地利用变化及其对河流水质影响研究 ［D］. 南京：南京师范大学，2013.

［8］　Che Y，Yang K，Wu E，et al. Assessing the health of an urban stream：a case study of Suzhou Creek in Shanghai，China ［J］. Environmental Monitoring and Assessment，2012，184（12）：7425－7438.

［9］　宋为威，逄勇. 基于国考七桥瓮断面水质达标秦淮河流域水环境容量计算 ［J］. 中国农村水利水电，2017（10）：80－84.

［10］　籍国东，孙铁珩，李顺. 人工湿地及其在工业废水处理中的应用 ［J］. 应用生态学报，2002，13（2）：224－228.

［11］　Demars B，Wiegleb G，Harper D，et al. Aquatic Plant Dynamics in Lowland River Networks：Connectivity，Management and Climate Change ［J］. Water，2014，6（4）：868－911.

［12］　Xiong G，Wang G，Wang D，et al. Spatio－Temporal Distribution of Total Nitrogen and Phosphorus in Dianshan Lake，China：The External Loading and Self－Purification Capability ［J］. Sustainability，2017，9（4）：500.

［13］　王紫琦. 北京城市河岸带结构对河流水质的影响 ［D］. 北京：北京林业大学，2015.

［14］　施炜纲，王博，王利民. 长江下游水生动物群落生物多样性变动趋势初探 ［J］. 水生生物学报，2002（6）：654－661.

［15］　王强. 山地河流生境对河流生物多样性的影响研究 ［D］. 重庆：重庆大学，2011.

［16］　李婉，张娜，吴芳芳. 北京转河河岸带生态修复对河流水质的影响 ［J］. 环境科学，2011，32（1）：80－87.

［17］　夏继红，鞠蕾，林俊强，等. 河岸带适宜宽度要求与确定方法 ［J］. 河海大学学报（自然科学版），2013，41（3）：229－234.

［18］　夏继红，陈永明，周子晔，等. 河流水系连通性机制及计算方法综述 ［J］. 水科学进展，2017，28（5）：142－149.

［19］　许光远，徐志嫱，苏振铎，等. 基于正交实验的生物慢滤池水质净化效果的研究 ［J］. 水处理技术，2015，41（7）：72－75.

［20］　Moerke A H，Lamberti G A. Responses in fish community structure to restoration of two Indiana streams ［J］. North American Journal of Fisheries Management，2003，23（3）：748－759.

［21］　Rincón Sanz G，Solana－Gutiérrez J，Alonso González C，et al. Longitudinal Connectivity Loss in a

Riverine Network：Accounting for the Likelihood of Upstream and Downstream Movement Across Dams [J]. Aquatic Sciences，2017，79（3）：573－585.

[22] 渠继凯．山东黄河济南埝头堤段堤防裁弯修建水库工程方案研究 [D]．济南：山东大学，2014.

[23] Tian Q，Wang Q，Liu Y. Geomorphic Change in Dingzi Bay，East China since the 1950s：Impacts of Human Activity and Fluvial Input [J]. Frontiers of Earth Science，2017，11（2）：385－396.

[24] 张亮，潘伟斌，蔡建楠．城市河流形态与河流自净能力的关系 [C]//第五届中国青年生态学工作者，学术研讨会论文集：生态创新与生态文明建设．广州：中国科学院华南植物园，2008.

[25] Lorenz A W，Jähning S C，Hering D. Re－Meandering German Lowland Streams：Qualitative and Quantitative Effects of Restoration Measures on Hydromorphology and Macroinvertebrates [J]. Environmental Management，2009，44（4）：745－754.

[26] 周璐瑶，陈菁，陈丹，等．河流曲度对河流生物多样性影响研究进展 [J]．人民黄河，2017，39（1）：79－82，86.

[27] Gaucherel C，Salomon L，Labonne J. Variable Self－Similar Sinuosity Properties Within Simulated River Networks [J]. Earth Surface Processes and Landforms，2011，36（10）：1313－1320.

[28] 赵军，单福征，杨凯，等．平原河网地区河流曲度及城市化响应 [J]．水科学进展，2011，22（5）：631－637.

[29] 姚文艺，郑艳爽，张敏．论河流的弯曲机理 [J]．水科学进展，2010，21（4）：533－540.

[30] Vandenberghe J，de Moor J J W，Spanjaard G. Natural Change and Human Impact in a Present－Day Fluvial Catchment：The Geul River，Southern Netherlands [J]. Geomorphology，2012，159－160：1－14.

[31] 徐慧，杨妹君．太湖平原圩区河网演变模式探析 [J]．水科学进展，2013，24（3）：366－371.

[32] Timár G. Controls on Channel Sinuosity Changes：A Case Study of the Tisza River，the Great Hungarian Plain [J]. Quaternary Science Reviews，2003，22（20）：2199－2207.

[33] Dust D，Wohl E. Conceptual Model for Complex River Responses Using An Expanded Lane's Relation [J]. Geomorphology，2012，139－140：109－121.

[34] 白玉川，黄涛，许栋．蜿蜒河流平面形态的几何分形及统计分析 [J]．天津大学学报，2008（9）：1052－1056.

[35] Gaucherel C，Salomon L. A Neutral Model as a Null Hypothesis Test for River Network Sinuosity [J]. Geomorphology，2014，214：416－422.

[36] Seminara G，Pittaluga M B. Reductionist Versus Holistic Approaches to the Study of River Meandering：An Ideal Dialogue [J]. Geomorphology，2012，163－164：110－117.

[37] Mueller J E. An Introduction to the Hydraulic and Topographic Sinuosity Indexes [J]. Annals of the Association of American Geographers，1968，58（2）：371－385.

[38] Leopold L B，Wolman M G，Miller J P. Fluvial Processes in Geomorphology [J]. Freeman，San Francisco：1964：453－468.

[39] Luchisheva A A. Practical Hydrology [M]. Leningrad：Gidrometeoizdat，1952.

[40] L. B. 李奥波德．河流形态的研究 [J]．地理科学进展，1956（4）：303.

[41] nci Güneralp，Abad J D，Zolezzi G，et al. Advances and Challenges in Meandering Channels Research [J]. Geomorphology，2012，163－164：1－9.

[42] 李志威，王兆印，李艳富，等．黄河源区典型弯曲河流的几何形态特征 [J]．泥沙研究，2012（4）：11－17.

[43] 李志威，秦小华，方春明．天然河湾几何形态统计分析 [J]．水科学进展，2011，22（5）：638－644.

[44] 李志威，方春明．天然河湾极限弯曲度 [J]．中国水利水电科学研究院学报，2011，9

（3）：176－182.

[45] 李志威，余国安，徐梦珍，等. 青藏高原河流演变研究进展 [J]. 水科学进展，2016，27（4）：617－628.

[46] 高阳，高甲荣，陈子珊，等. 河溪近自然治理评价指标体系探讨及应用 [J]. 水土保持研究，2007（6）：379－382.

[47] Aswathy M V，Vijith H，Satheesh R. Factors Influencing the Sinuosity of Pannagon River，Kottayam，Kerala，India：An Assessment Using Remote Sensing and GIS [J]. Environmental Monitoring and Assessment，2008，138（1－3）：173－180.

[48] Petrovszki J，Timár G. Channel Sinuosity of the Körös River System，Hungary/Romania，as Possible Indicator of the Neotectonic Activity [J]. Geomorphology，2010，122（3－4）：223－230.

[49] Hossain M A，Gan T Y，Baki A B M. Assessing Morphological Changes of the Ganges River Using Satellite Images [J]. Quaternary International，2013，304：142－155.

[50] 张俊勇，陈立，叶小云，等. 入流角对河道曲流形成的影响 [J]. 水利水运工程学报，2003，（1）：63－66.

[51] Petrovszki J，Székely B，Timár G. A Systematic Overview of the Coincidences of River Sinuosity Changes and Tectonically Active Structures in the Pannonian Basin [J]. Global and Planetary Change，2012，98－99：109－121.

[52] Aswathy M V，Vijith H，Satheesh R. Factors influencing the sinuosity of Pannagon River，Kottayam，Kerala，India：An assessment using remote sensing and GIS [J]. Environmental Monitoring and Assessment，2008，138（1）：173－180.

[53] 尹学良. 弯曲性河流形成原因及造床试验初步研究 [J]. 地理学报，1965（4）：287－303.

[54] 马森，李国栋，张巧玲，等. 弯道弯曲度对水流结构的影响 [J]. 应用基础与工程科学学报，2016，24（6）：1193－1202.

[55] Zámolyi A，Székely B，Draganits E，et al. Neotectonic Control on River Sinuosity at the Western Margin of the Little Hungarian Plain [J]. Geomorphology，2010，122（3－4）：231－243.

[56] 李思维. 常曲率河湾动力演变过程的非线性理论 [D]. 天津：天津大学，2012.

[57] 杨燕华. 弯曲河流水动力不稳定性及其蜿蜒过程研究 [D]. 天津：天津大学，2012.

[58] 张明进，杨燕华，白玉川. 弯曲河流湍流结构动力演化特征 [J]. 应用基础与工程科学学报，2014，22（3）：469－480.

[59] 李志威，王兆印，赵娜，等. 弯曲河流斜槽裁弯模式与发育过程 [J]. 水科学进展，2013，24（2）：161－168.

[60] 王永珍，梁昇. 蜿蜒河道之水理与地形因子对河川影响之研究 [J]. 水土保持学，2003，35（3）：291－308.

[61] Nakano D，Nakamura F. The Significance of Meandering Channel Morphology on the Diversity and Abundance of Macroinvertebrates in a Lowland River in Japan [J]. Aquatic Conservation：Marine and Freshwater Ecosystems，2008，18（5）：780－798.

[62] 王远坤，夏自强. 长江中游不同类型河道生态学意义分析 [EB/OL]. 中国科技论文在线，[2013－03－20]［引用日期］. http：//www. paper. edu. cn/re/easepaper/content/201303－701

[63] Deng Z，Singh V P. Optimum Channel Pattern for Environmentally Sound Training and Management of Alluvial Rivers [J]. Ecological Modelling，2002，154（1－2）：61－74.

[64] 蔡晔. 平原地区城市内河河道结构与水质恢复关系的实验研究 [D]. 苏州：苏州大学，2007.

[65] Korfali S I，Davies B E. Seasonal Variations of Trace Metal Chemical Forms in Bed Sediments of a Karstic River in Lebanon：Implications for Self－purification [J]. Environmental Geochemistry and Health，2005，27（5－6）：385－395.

[66] Tian S, Wang Z, Shang H. Study on the Self – purification of Juma River [J]. Procedia Environmental Sciences, 2011, 11: 1328 – 1333.

[67] Sabater S, Guasch H, Romaní A, et al. The Effect of Biological Factors on the Efficiency of River Biofilms in Improving Water Quality [J]. Hydrobiologia, 2002, 469 (1): 149 – 156.

[68] Ostroumov S. On the Multifunctional Role of the Biota in the Self – Purification of Aquatic Ecosystems [J]. Russian Journal of Ecology, 2005, 36 (6): 414 – 420.

[69] Vagnetti R, Miana P, Fabris M, et al. Self – purification Ability of a Resurgence Stream [J]. Chemosphere, 2003, 52 (10): 1781 – 1795.

[70] 王玮. 水平潜流人工湿地强化脱氮的技术及其机制研究 [D]. 上海: 东华大学, 2017.

[71] 郭振苗. 农村生活污水土壤渗滤过程中氮素运移试验研究 [D]. 北京: 清华大学, 2012.

[72] 王晓雪, 李杰, 钟成华, 等. 基质对人工湿地脱氮除磷效果影响研究 [J]. 重庆工商大学学报 (自然科学版), 2011, 28 (5): 536 – 539.

[73] Dwivedi D, Steefel C I, Arora B, et al. Impact of Intra – meander Hyporheic Flow on Ritrogen Cycling [J]. Procedia Earth and Planetary Science, 2017, 17: 404 – 407.

[74] Gerke S, Baker L A, Xu Y. Nitrogen Transformations in a Wetland Receiving Lagoon Effluent: Sequential Model and Implications for Water Reuse [J]. Water Research, 2001, 35 (16): 3857 – 3866.

[75] Liang W, Wu ZB. Review of Removal Mechanism in Constructed Wetland Treating Nitrogen and Phosphorus From Wastewater [J]. Environmental Science Trends, 2000, 3: 32 – 37.

[76] 郭鑫, 张列宇, 席北斗, 等. 高氨氮浓度下湿地植物筛选及脱氮效果研究 [J]. 农业环境科学学报, 2011, 30 (05): 993 – 1000.

[77] Peterson B J, Wollheim W M, Mulholland P J, et al. Control of Nitrogen Export from Watersheds by Headwater Streams [J]. Science, 2001, 292 (5514): 86 – 90.

[78] Pan M, Zhu L, Qin W, et al. Effects of Aeration Modes on Ransformation of Phosphorus in Surface Sediment Downstream of a Municipal Sewage Treatment Plant [J]. Desalination and Water Treatment, 2016, 57 (23): 10850 – 10858.

[79] 王洪铸, 宋春雷, 刘学勤, 等. 巢湖湖滨带概况及环湖岸线和水向湖滨带生态修复方案 [J]. 长江流域资源与环境, 2012, 21 (S2): 62 – 68.

[80] 韩芸, 许松, 董涛, 等. 碳源类型、温度及电子受体对生物除磷的影响 [J]. 环境科学, 2015, 36 (2): 590 – 596.

[81] 张兰河, 庄艳萍, 王旭明, 等. 温度对改良 A~2/O 工艺反硝化除磷性能的影响 [J]. 农业工程学报, 2016, 32 (10): 213 – 219.

[82] 肖洋, 陆奇, 成浩科, 等. 泥沙表面特性及其对磷吸附的影响 [J]. 泥沙研究, 2011 (6): 64 – 68.

[83] Kim L H, Choi E, Stenstrom M K. Sediment Characteristics, Phosphorus Types and Phosphorus Release Rates Between River and Lake Sediments [J]. Chemosphere, 2003, 50 (1): 53 – 61.

[84] 黄钰玲. 三峡水库香溪河库湾水华生消机理研究 [D]. 陕西: 西北农林科技大学, 2007.

[85] 李兴国. 曝气生物滤池处理微污染原水的研究 [D]. 南京: 南京理工大学, 2009.

[86] Asahi K, Shimizu Y, Nelson J, et al. Numerical Simulation of River Meandering with Self – Evolving Banks [J]. Journal of Geophysical Research: Earth Surface, 2013, 118 (4): 2208 – 2229.

[87] 朱新丽, 金光球, 姜启豪, 等. 侧向潜流交换水动力过程及生态环境效应 [J]. 水利水电科技进展, 2017, 37 (3): 15 – 21.

[88] 金光球, 谢天云, Kuan Woei – Keong, 等. 潮汐作用下盐水入侵的实验: 平板示踪装置系统及操作方法 [J]. 实验室研究与探索, 2015, 34 (2): 57 – 61.

[89] 夏继红, 林俊强, 姚莉, 等. 河岸带的边缘结构特征与边缘效应 [J]. 河海大学学报 (自然科学版), 2010, 38 (2): 215 – 219.

［90］ 夏继红，陈永明，王为木，等．河岸带潜流层动态过程与生态修复［J］．水科学进展，2013，24（4）：589-597.

［91］ 林俊强，严忠民，夏继红．弯曲河岸侧向潜流交换试验［J］．水科学进展，2013，24（1）：118-124.

［92］ Jin G，Tang H，Gibbes B，et al. Transport of Nonsorbing Solutes in a Streambed with Periodic Bedforms［J］. Advances in Water Resources，2010，33（11）：1402-1416.

［93］ Cardenas M B. The Effect of River Bend Morphology on Flow and Timescales of Surface Water - Groundwater Exchange Across Pointbars［J］. Journal of Hydrology. 2008，362（1-2）：134-141.

［94］ Cardenas M B. Stream - Aquifer Interactions and Hyporheic Exchange in Gaining and Losing Sinuous Streams［J］. Water Resources Research，2009，45（6）：W6429.

［95］ Cardenas M B，Wilson J L，Zlotnik V A. Impact of Heterogeneity，Bed forms，and Stream Curvature on Subchannel Hyporheic Exchange［J］. Water Resources Research，2004，40（8）：W8307.

［96］ Kumar B A，Gopinath G，Chandran M S S. River Sinuosity in a Humid Tropical River Basin，South West Coast of India［J］. Arabian Journal of Geosciences，2014，7（5）：1763-1772.

［97］ Phillips R W，Spence C，Pomeroy J W. Connectivity and Runoff Dynamics in Heterogeneous Basins［J］. Hydrological Processes，2011，25（19）：3061-3075.

［98］ Feng L，Wang D，Chen B. Water Quality Modeling for a Tidal River Network：A Case Study of the Suzhou River［J］. Frontiers of Earth Science，2011，5（4）：428-431.

［99］ Tejedor A，Longjas A，Zaliapin I，et al. Delta Channel Networks：1. A Graph - theoretic Approach for Studying Connectivity and Steady State Transport on Deltaic Surfaces［J］. Water Resources Research，2015，51（6）：3998-4018.

［100］ Elósegui A，Arana X，Basaguren A，et al. Self - Purification Processes Along a Medium - sized Stream［J］. Environmental Management，1995，19（6）：931-939.

［101］ 赵鹏，夏北成，秦建桥，等．流域景观格局与河流水质的多变量相关分析［J］．生态学报，2012，32（8）：2331-2341.

［102］ 周凌．弯曲河流水环境容量研究［D］．成都：西南交通大学，2006.

［103］ 焦飞宇．裁弯取直对河流健康状况的影响研究［D］．天津：天津大学，2012.

［104］ 常帅，刘龙风．浅谈人工裁弯在台安县河道险工整治中的得与失［J］．科技风，2013（5）：140.

［105］ 赵军，单福征，杨凯，等．平原河网地区河流曲度及城市化响应［J］．水科学进展，2011，22（5）：631-637.

［106］ 蔡建楠，潘伟斌，曹英姿，等．广州城市河流形态对河流自净能力的影响［J］．水资源保护，2010，26（5）：16-19.

［107］ 李婉，张娜，吴芳芳．北京转河河岸带生态修复对河流水质的影响［J］．环境科学，2011，32（1）：80-87.

［108］ 何嘉辉，潘伟斌，刘方照．河流线型对河流自净能力的影响［J］．环境保护科学，2015，41（2）：43-47.

［109］ 何嘉辉．河流蜿蜒程度对河流自净能力影响的研究［D］．广州：华南理工大学，2014.

［110］ 景晓菊．山区弯曲放宽河道水沙特性概化模型试验研究［D］．重庆：重庆交通大学，2012.

［111］ 蒋建国，毕志清，王伟，等．填埋场渗滤液水质变化预测模型实验研究［J］．环境科学，2002（5）：92-95.

［112］ 林学钰，张文静，何海洋，等．人工回灌对地下水水质影响的室内模拟实验［J］．吉林大学学报（地球科学版），2012，42（5）：1404-1409.

［113］ 季伟伟，杨慧中．基于正交实验的水质COD在线测试最优消解条件［J］．环境工程学报，2016，

10 (7)：3967 – 3972.

[114]　尹学良．弯曲性河流形成原因及造床试验初步研究 [J]．地理学报，1965 (4)：287 – 303.

[115]　许栋，刘召平，乾爱国，等．弯曲河道中水流运动的三维数值模拟 [J]．水利学报，2010，41 (12)：1423 – 1431.

[116]　顾俊．城市内河生态修复及其对氮素转化影响的实验研究 [D]．苏州：苏州大学，2008.

[117]　尹艳树，张昌民，尹太举，等．三角洲平原高弯曲分流河道内部结构单元三维建模 [J]．地质论评，2013，59 (3)：544 – 550.

[118]　王丹丹．河流总体水质评价方法研究及数值模拟 [D]．武汉：武汉理工大学，2009.

[119]　王国卿．河流演弯及其水动力过程的数值模拟研究 [D]．天津：天津大学，2012.

[120]　熊鸿斌，陈雪，张斯思．基于 MIKE11 模型提高污染河流水质改善效果的方法[J]．环境科学，2017，38 (12)：5063 – 5073.

[121]　于洋，艾丛芳，金生．弯曲度对弯道水流结构影响的三维数值模拟研究 [J]．水利与建筑工程学报，2018，16 (3)：218 – 223.

[122]　张明进，杨燕华，白玉川．弯曲河流湍流结构动力演化特征 [J]．应用基础与工程科学学报，2014，22 (3)：469 – 480.

[123]　董哲仁．河流形态多样性与生物群落多样性 [J]．水利学报．2003 (11)：1 – 6.

[124]　董哲仁．保护和恢复河流形态多样性 [J]．中国水利．2003 (11)：53 – 56.

[125]　Xu D，Bai Y，Ma J，et al. Numerical Investigation of Long – Term Planform Dynamics and Stability of River Meandering on Fluvial Floodplains [J]. Geomorphology，2011，132 (3 – 4)：195 – 207.

[126]　Da Silva A M F，El – Tahawy T，Tape W D. Variation of Flow Pattern with Sinuosity in Sine – Generated Meandering Streams [J]. Journal of Hydraulic Engineering，2006，132 (10)：1003 – 1014.

[127]　Xiao C，Chen J，Chen D. Effects of River Sinuosity on the Self – Purification Capacity of the Shiwuli River，China [J]. Water Science and Technology：Water Supply，2018，2019 (4)：1152 –1159.

[128]　刘黎明，Rim S. 韩国的土地利用规划体系和农村综合开发规划 [J]．经济地理，2004 (3)：383 – 386.

[129]　Chen J，Xiao C，Chen D. Connectivity Evaluation and Planning of a River – Lake System in East China Based on Graph Theory [J]. Mathematical Problems in Engineering，2018，2018：1 – 12.

[130]　奚姗姗，周春财，刘桂建，等．巢湖水体氮磷营养盐时空分布特征 [J]．环境科学，2016，37 (2)：542 – 547.

[131]　柴纯纯．十五里河水质改善试验与植被绿化研究 [D]．合肥：合肥工业大学，2016.

[132]　李如忠，李峰，周爱佳，等．巢湖十五里河沉积物氮磷形态分布及生物有效性[J]．环境科学，2012，33 (5)：1503 – 1510.

[133]　吴蕾，朱慧娈．巢湖流域城市型重污染河流综合治理技术研究——以合肥市十五里河为例 [J]．安徽农业科学，2015，43 (30)：206 – 209.

[134]　白洪伟，徐洋洋．基于 ENVI 和 ArcGIS 的合肥市土地利用/覆被变化分析 [J]．沈阳大学学报（自然科学版），2016，28 (5)：365 – 372.

[135]　Phillips J D，Schwanghart W，Heckmann T. Graph Theory in the Geosciences [J]. Earth – Science Reviews. 2015，143：147 – 160.

[136]　韦璐，江敏，余根鼎，等．凡纳滨对虾养殖塘叶绿素 a 与水质因子主成分多元线性回归分析[J]．中国水产科学，2012，19 (4)：620 – 625.

[137]　魏巍，王学昌，于鹏，等．基于回归分析的河流水体净化能力研究——以大沽河为例 [J]．海洋湖沼通报，2009 (3)：1 – 8.

[138]　颜剑波，阮晓红，孙瀚．多元回归分析在黄河水质预测中的应用 [J]．人民黄河，2010，32 (3)：

35 – 36.

[139] 杨磊，林逢凯，胥峥，等．底泥修复中温度对微生物活性和污染物释放的影响[J]．环境污染与防治，2007（1）：22 – 25.

[140] 金光球，李凌．河流中潜流交换研究进展［J］．水科学进展，2008（2）：285 – 293.

[141] 王海滨．温度对水质的影响［J］．中国石油和化工标准与质量，2013，33（17）：37.

[142] Hsueh M，Yang L，Hsieh L，et al. Nitrogen Removal Along the Treatment Cells of a Free – Water Surface Constructed Wetland in Subtropical Taiwan［J］．Ecological Engineering，2014，73：579 – 587.

[143] Peterson E W，Sickbert T B. Stream Water Bypass Through a Meander neck，Laterally Estending the Hyporheic Zone［J］．Hydrogeology Journal，2006，14（8）：1443 – 1451.

[144] 孙东坡，丁新求．水力学［M］．2 版．郑州：黄河水利出版社，2016.

[145] Coban O，Kuschk P，Kappelmeyer U，et al. Nitrogen transforming community in a horizontal sub-surface – flow constructed wetland［J］．Water Research，2015，74：203 – 212.

[146] 张春生，刘忠保，施冬．高弯曲与低弯曲河流比较沉积学研究——以长江上、下荆江段为例[J]．沉积学报，2000（2）：227 – 233.

[147] 朱红伟，张坤，钟宝昌，等．泥沙颗粒和孔隙水在底泥再悬浮污染物释放中的作用［J］．水动力学研究与进展 A 辑，2011，26（5）：631 – 641.

[148] 赵汗青，唐洪武，李志伟，等．河湖水沙对磷迁移转化的作用研究进展［J］．南水北调与水利科技，2015，13（4）：643 – 649.

[149] 蒋文清．流速对水体富营养化的影响研究［D］．重庆：重庆交通大学，2009.

[150] 郑于聪．污染河水的人工湿地净化特性及植物作用原理研究［D］．西安：西安建筑科技大学，2016.

[151] 陈丽丽，张成军，李鹏，等．人工湿地不同基质对氨氮的吸附特性研究［J］．生态环境学报，2012，21（3）：518 – 523.

[152] 金光球，姜启豪，杨小全，等．潜流交换室内实验系统及操作方法［J］．实验室研究与探索，2016，35（12）：44 – 50.

[153] Han B，Endreny T A. Spatial and Temporal Intensification of Lateral Hyporheic Flux in Narrowing Intra – Meander Zones［J］．Hydrological Processes，2013，27（7）：989 – 994.

[154] Dent C L，Grimm N B，Martí E，et al. Variability in Surface – Subsurface Hydrologic Interactions and Implications for Nutrient Retention in an Arid – Land Stream［J］．Journal of Geophysical Research –Biogeosciences，2007，112（G04004G4）：1 – 13.

[155] Battin T J，Kaplan L A，Hansen C M E，et al. Contributions of Microbial Biofilms to Ecosystem Processes in Stream Mesocosms［J］．Nature，2003，426（6965）：439 – 442.

[156] 韩文炎．茶园土壤微生物量、硝化和反硝化作用研究［D］．杭州：浙江大学，2012.

[157] Yan L，Da L，Zhang S，et al. Nitrogen Loading Affects Microbes，Nitrifiers and Denitrifiers Atta-ched to Submerged Macrophyte in Constructed Wetlands［J］．Science of the Total Environment，2018，622 – 623：121 – 126.

[158] Dwivedi D，Steefel C I，Arora B，et al. Impact of Intra – Meander Hyporheic Flow on Nitrogen Cy-cling［J］．Procedia Earth and Planetary Science，2017，17：404 – 407.

[159] 吕萍，陈菁．长三角农村河流的生态服务功能的实现［J］．水利科技与经济，2008（5）：385 – 388.

[160] 刘克强，林泽新．强化太湖流域江河湖连通　促进水资源优化配置［J］．中国水利，2011（1）：33.

[161] 俞孔坚，李迪华，袁弘，等．"海绵城市"理论与实践［J］．城市规划，2015，39（6）：26 – 36.

[162] 车生泉，谢长坤，陈丹，等．海绵城市理论与技术发展沿革及构建途径 [J]．中国园林，2015，31（6）：11-15.

[163] 张超．苏南地区新农村水系规划研究 [D]．南京：河海大学，2007.

[164] 张君．基于河湖连通的区域水资源承载能力分析 [D]．北京：中国水利水电科学研究院，2013.

[165] 王婧．水网型城市水系规划方法研究 [D]．上海：同济大学，2008.

[166] 吕萍．新农村建设中的水景观研究 [D]．南京：河海大学，2008.

[167] 杨柳，杜琴，黄璐．水系规划中"人-水-城"融合的探索——以南沙新区城市水系规划为例 [C] // 2014 中国城市规划年会论文集．北京：中国建筑工业出版社，2014.

[168] 郑灵飞，黄友谊．整体观视角下的城市水系规划框架探析——以厦门市城市水系规划为例 [J]．规划师，2013，29（10）：52-57.

[169] 朱莉芬，黄季焜．城镇化对耕地影响的研究 [J]．经济研究，2007（2）：137-145.

[170] 牛星，欧名豪．扬州市土地利用变化的驱动力机制研究 [J]．中国人口·资源与环境，2007（1）：102-108.

[171] Cui Z，Koren V，Cajina N，et al. Hydroinformatics advances for operational river forecasting：using graphs for drainage network descriptions [J]. Journal of Hydroinformatics，2011，13（2）：181-197.

[172] 罗贞礼．土地利用生态安全评价指标的系统聚类分析 [J]．湖南地质，2002（4）：252-254.

[173] 邹秀萍，齐清文，徐增让，等．怒江流域土地利用/覆被变化及其景观生态效应分析 [J]．水土保持学报，2005（5）：149-153.

[174] 李秀彬．对加速城镇化时期土地利用变化核心学术问题的认识 [J]．中国人口·资源与环境，2009，19（5）：1-5.

[175] 郭文华，郝晋珉，覃丽，等．中国城镇化过程中的建设用地评价指数探讨 [J]．资源科学，2005（3）：66-72.

[176] 金其铭．我国农村聚落地理研究历史及近今趋向 [J]．地理学报，1988（4）：311-317.

[177] Drago E C，Paira A R，Wantzen K M. Channel-Floodplain Geomorphology and Connectivity of the Lower Paraguay hydrosystem [J]. Ecohydrology & Hydrobiology，2008，8（1）：31-48.

[178] Cui Z，Koren V，Cajina N，et al. Hydroinformatics Advances for Operational River Forecasting：Using Graphs for Drainage Network Descriptions [J]. Journal of Hydroinformatics，2011，13（2）：181-197.

[179] Lesack L F W，Marsh P. River-to-Lake Connectivities，Water Renewal，and Aquatic Habitat Diversity in the Mackenzie River Delta [J]. Water Resources Research，2010，46（W12504）.

[180] Freeman M C，Pringle C M，Jackson C R. Hydrologic Connectivity and the Contribution of Stream Headwaters to Ecological Integrity at Regional Scales [J]. Journal of the American Water Resources Association，2007，43（1）：5-14.

[181] 史维．城市渠化河道景观改造研究 [D]．北京：清华大学，2012.

[182] 陈菁，马隰龙．新型城镇化建设中基于低影响开发的水系规划 [J]．人民黄河，2015（8）：27-29，34.

[183] 杨凯．平原河网地区水系结构特征及城市化响应研究 [D]．上海：华东师范大学，2006.

[184] 茹彪，陈星，张其成，等．平原河网区水系结构连通性评价 [J]．水电能源科学，2013（5）：9-12.